地球の測り方

宇宙から見る「水の惑星」のすがた

青木陽介／著

講談社

まえがき

　地球の形や変形を研究する測地学という学問は数千年の歴史をもち、数々の名だたる科学者たちがこの問題に取り組んできました。その結果、測地学は 20 世紀後半には成熟した、もしくは「枯れた」学問であったといえたかも知れません。しかし、この数十年で衛星技術をはじめとしたさまざまな計測技術が開発され、今まで知られていなかった新現象が次々と発見されてきました。その結果、測地学は「枯れた」学問どころか、次々と新発見が発表されるホットな学問分野へと変貌しました。最近ではプレート運動や地震・火山活動にともなう地表変形や重力変化だけでなく、豪雨や氷床の融解など気候変動に関係する地表変形や重力変化なども観測されるようになりました。また、全地球衛星測位システム（Global Navigation Satellite System; GNSS）の観測から固体地球・大気圏・電離圏の相互作用についての知見が得られるなど、数十年前には想像もしなかった世界が実現しています。

　本書はこのようにホットな研究分野となっている測地学について、複雑な数式を用いずに平易に説明したものです。ただ、平易にとはいっても、中学校や高校で学習するような基礎的な事項から研究者の間でも議論が分かれるような最先端の話題まで取り扱っています。ですから、測地学に関心のある方であればどなたでも読み進めていけると思います。

　私自身は、測地学がホットな学問分野に変貌しつつあった 1990 年代後半に大学院に入学して研究生活を始めました。そしてさまざまな新発見を、研究者として時には自ら関わり、そして多くの場合は目撃者として接して興奮を覚えてきました。その時に感じた興奮を、書物を通して皆さんと共有したいとずっと思ってきました。その思いを実現する機会を与えてくださった講談社サイエンティフィクの渡邉拓さん・慶山篤さんに心から感謝いたします。

iii

多くの有益な助言をくださり、かつ筆者を時に叱咤激励してくださった彼らの存在なくして本書は完成しなかったことでしょう。筆者の興奮が本書を通して少しでも皆さんに伝われば幸いです。

2025 年 1 月

青　木　陽　介

目次

まえがき iii

第1章 地球を知るホットな学問
測地学とは何だろうか

1.1 形や大きさを知りたい 2

1.2 形の変化を知りたい 2

1.3 地球の内部構造を知りたい 4

第2章 地球は丸いというけれど……
地球の形

2.1 地球はなぜ丸いのか：万有引力と遠心力 7
地球はなぜ丸いのか 7
地球はなぜ回転楕円体なのか 7

2.2 地球の形：地球は丸いと確かめる方法 9
地球球体説の発展 10
地球の大きさを測る 11

2.3 地球は完全な球体ではない：万有引力と遠心力......13
地球楕円体説の発展 13
地球の形とは 14

2.4 球は完全な完全楕円体でもない.............................15
世界と日本のジオイド高 15
ジオイド高が場所により異なるわけ....................................17

v

目次

第3章 地球ははたして固体なのか？　18
地球内部構造の基礎知識

3.1 地球を透視する方法 19
どうやって地球の中身を見るか：地球と人体のアナロジー.... 19
地球の層構造 20

3.2 地球の力学的内部構造 22
リソスフェア・アセノスフェア 23
力学的構造を支配するもの.................................... 24

第4章 紀元前から測られてきた地球　26
伝統的な地上測量技術の原理

4.1 測るとはどういうこと？ 26

4.2 高さの差を測る：水準測量 27

4.3 角度を測る：三角測量 30

4.4 距離を測る：三角測量・光波測量 32

第5章 小さな変形も見逃さない　34
連続観測

5.1 変形を連続的にとらえる方法 34
傾斜計 35
ひずみ計 38
潮位計 40

5.2 重力変化を連続的にとらえる方法 41
相対重力観測 41
絶対重力観測 44
光格子時計による重力ポテンシャルの観測.............. 48

vi

第6章 測地学を変えた計測技術　50
衛星測地の原理と地表変形の観測

6.1 超長基線電波干渉法（VLBI） 50

6.2 衛星レーザー測距（SLR） 54

6.3 人工衛星を用いた測量：全地球衛星測位システム
（GNSS） 56
GNSS観測の歴史 57
測位の原理 58
位相測位とコード測位 59
静止測位とキネマティック測位 60

6.4 人工衛星を用いた測量：合成開口レーダー（SAR） ... 61
SARの歴史 62
SARの原理 64
SAR干渉解析（InSAR）の原理 66
位相アンラッピング 70

6.5 宇宙から海底を測る 70
GNSS–音響測距結合方式による地殻変動観測 71
海域での連続観測 73

第7章 質量の移動を宇宙から測る　77
重力の計測

7.1 衛星からの重力観測の原理 78

7.2 さまざまな衛星による重力観測 78
初期の衛星観測 78
GRACE 78
GOCE 82

7.3 重力ポテンシャルの観測 83

目次

第8章 1日の長さは一定なのか　　87
地球回転の計測

8.1 地球の自転とコマの回転：歳差・章動 88
コマの歳差運動 88
地球の歳差運動 89
地球の章動運動 90

8.2 地球の自転軸は北極・南極ではない？：極運動 93
極運動の原理 93
チャンドラー極運動 94
極運動の年周変化 94
周期的でない極運動 94

8.3 自転速度変化とうるう秒 96
自転速度が変化する理由 97
定常的な変化 97
数十年スケールの変動 99
年周変化 100
より短い時間スケールの変動 101

8.4 地球回転の観測 102
天体観測 102
衛星測地技術 103
リングレーザージャイロスコープ 104

第9章 月や太陽も地球を変形させる　　106
潮汐

9.1 潮汐力とは：地球にはたらく万有引力と遠心力 107
万有引力と遠心力と潮の満ち引き 107
月と太陽からの潮汐力の大きさの比較 108
大潮と小潮 108
さまざまな分潮 110
極潮汐と放射潮汐 110

viii

9.2 潮汐力による地球の変形：固体潮汐 112

ラブ数・志田数 112

自由コア章動 114

9.3 海の荷重による地球の変形：海洋潮汐 115

海水の荷重による地球の変形の求め方 115

9.4 潮汐力は地震を起こすか？ 116

地震観測によって分かること 117

9.5 潮汐力は火山活動に影響を与えるか？ 119

火山性地震活動と潮汐の関係 119

火山ガスの放出と潮汐の関係 121

第10章 地球温暖化は気温のみならず 123
気候変動による地球の変形

10.1 氷河時代・氷期・間氷期 123

氷河時代 123

氷期・間氷期 124

10.2 後氷期変動にともなう地球の変形の観測 126

後氷期変動の仕組み 127

海水準変動 128

地球の自転運動の変化 129

重力変化 131

地表の変位 132

10.3 後氷期変動から分かる地球の内部構造 135

地球の粘弾性構造 135

10.4 豪雨・豪雪・干ばつによる地球の変形 136

荷重による地球の変形 137

豪雪による地球の変形 137

豪雨による地球の変形 139

地表変形や地震活動の季節変化 141

干ばつによる地球の変形 143

第11章 地殻変動観測が明かした地球の姿　　146
地震による地球の変形

- **11.1 そもそも地震とは何か** 147
  - 地震と断層活動 147
  - プレートテクトニクスと地震活動..................................148
- **11.2 地震間の変形** 149
  - 収束プレート境界..150
  - 発散プレート境界..157
  - 横ずれプレート境界..158
  - プレート内部の変形..160
- **11.3 地震による変形**...161
  - 地震による静的な変動..162
  - 地震による動的な変動..164
  - 地震による重力変化..167
- **11.4 地震後も変形は続く：余効変動**...................................169
  - 余効変動の発見..171
  - 余効すべり..172
  - 粘弾性緩和..174
  - Poroelastic rebound..175
- **11.5 スロー地震**...177
  - スロー地震の発見..177
  - スロー地震の観測..179
  - スロー地震発生のメカニズム....................................179
- **11.6 測地学による地震予知**...180
  - 大地震に先行する地殻変動..180
  - 大地震に先行する電離圏擾乱....................................183
  - 大地震に先行する重力変化..183

第12章 火山と測地学の奥深い関係　185

火山活動による地球の変形

12.1 火山はなぜそこにあるのか 185
発散プレート境界の火山 186
プレート沈み込み帯の火山 186
プレート内部の火山 188

12.2 マグマ・熱水だまりの増圧・減圧にともなう
地表変形 190
球状圧力源 190
より現実的なモデリング 191

12.3 マグマの移動にともなう地表変形 192

12.4 噴火にともなう地表変形 195
マグマだまりの収縮にともなう地表変形 195
溶岩ドームの熱収縮 198

12.5 測地学による噴火予知 200
火山噴火の場所の予測 200
火山噴火の時刻・規模の予測 203
噴火に先行する地殻変動 204

第13章 人間も地球の形を変えている　206

人為的な要因による地球の変形

13.1 地下水の汲み上げにともなう地球の変形 206
地殻とスポンジの類似点 206
地盤沈下の観測例 207

13.2 流体注入による地球の変形 210
誘発地震にともなう地表変形の観測 210
誘発地震発生のメカニズム 212

参考文献 214

地震・噴火等索引 217

人名索引 218

事項索引 219

第1章

地球を知るホットな学問
測地学とは何だろうか

　あなたが宇宙飛行中に地球を発見した宇宙人だとしましょう。惑星探査中に発見した地球のことを知りたいと思ったらまず何をするでしょう。おそらくまずは形や大きさを理解し、地球を構成する物質などの内部構造を知りたいと思うのではないでしょうか。それは地球人が惑星探査を通して地球外の惑星や衛星に対して行っていることと同じです。地球の形や大きさや内部構造を計測し、その時間変化を調べるのが測地学です。**図 1.1** に測地学が対象とすることについてまとめてあります。

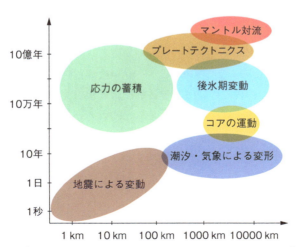

図 1.1　さまざまな時間・空間スケールを持つ地球の変形。Lambeck（1989）を改変。

第 1 章　地球を知るホットな学問

1.1　形や大きさを知りたい

　地球の形や大きさを知ることは測地学にとって最も基本的なことの一つです。なぜなら、地球の形や大きさを知ることは、地球がどのようにできたか・地球の内部構造といった基本的な疑問に答えることにつながるからです。

　地球が球形に近いことは、一般の人に認識されたのは 15–16 世紀のことではあったものの、紀元前から知られていました。しかし、第 2 章で詳しく述べるように、実際には自転による遠心力のはたらきにより赤道方向に出っぱった形をしています。遠心力により地球の形がどのように変形するかを知ることは、地球の「硬さ」など地球を構成する物質や地下構造についての情報を得ることにつながります。

　地球の形は回転楕円体と考えて大体は正しいのですが、地球内部で発生するさまざまな現象により、実際の地球の形は回転楕円体からもずれており、さまざまな空間的広がりをもった不均質があります。さまざまな手段によってこのような不均質を観測することにより、地球の内部構造のさまざまな空間的広がりをもった不均質を知ることができ、またそのような不均質をもたらす地球内部でのさまざまな現象について理解を深めることができます。

1.2　形の変化を知りたい

　「動かざること山のごとし」これは中国の春秋時代に書かれた書物『孫子』に書かれたもので、日本の戦国時代に武田信玄が自分の旗に「風林火山」と記したもとになったものです。このように、古くから大地は動かないものの代表のように考えられてきました。しかし、実際には大地はさまざまな原因で動いています。地球の形や大きさはすでにかなりのことが分かっていますから、地球が本当に「動かざること山のごとし」だったら測地学はとうの昔に終わった学問になっていたことでしょう。しかし、地球の変形に関しては分かっていないことが今でも数多くあります。そのため、測地学は今もホットな学問分野の一つなのです。

　地球は **図 1.1** に示すようにさまざまな時間・空間スケールで変形していま

す。その変形は第4–8章で示すようなさまざまな方法で計測されています。たとえば、潮の満ち引きは太陽や月からの引力の影響で発生しますが、引力は地球そのものも変形させます。また海水の移動によって地球が変形します。このような変形を潮汐といい、第9章で解説します。潮汐による変形は太陽や月からの引力によるものですから、地球規模のスケールで発生しています。

北米大陸北部やヨーロッパ大陸北部では現在、最大年10 mm以上の速度で隆起しており、このような変形を後氷期変動（post-glacial rebound）といいます。この地域では氷河期の頃に数千mもの厚い氷河で覆われていた地域ですが、氷河期が終了し氷河がなくなったにもかかわらず、氷河による荷重から解放されたことによる隆起が現在でも継続しています。なぜでしょうか？　その理由については1.3節と第10章で解説します。このような変動は何千kmにも及ぶ空間スケールでの変動であると同時に、何千年という長い時間スケールをもつ変形でもあるといえます。

近年、氷河や海水だけでなく降雪や大量の降雨による水の地表への荷重も地球を変形させることが分かってきました。第10章ではそのような例も紹介し、地球上の水収支について分かることを解説します。

地球は太陽系の中でプレートテクトニクスの存在する唯一の惑星です。プレートテクトニクスは地震や火山活動の発生をもたらします。地震や火山活動の発生は地球を変形させます。これらの変形は潮汐や後氷期変動と比べると小さな空間スケールで発生し、変形が発生する時間スケールも短いです。たとえば、観測史上最大クラスの地震である2004年スマトラ沖地震や2011年東北地方太平洋沖地震では、数千kmの範囲で変形が発生しました。また、これらの地震にともなう地球の変形は数十年から数百年にわたり続くでしょう。しかし、観測される最も小さな地震は数mm程度の範囲でしか変形が発生せず変形に要する時間も1秒以下です。火山活動による地球の変形は、数十年に及ぶことがあるものの、空間スケールはほとんどの場合100 km以下です。地球の一周の長さが約4万kmであることを考えると、火山活動による変形は地球のごく一部であることが分かります。近年の観測技術の発展にともない、地震・火山現象の理解は格段に高まりました。第11・12章では地震・火山現象による地球の変形から分かることについて詳しく説明します。

第1章　地球を知るホットな学問

　地球を変形させるのは自然現象だけではありません。工業用水や農業用水などのための地下水の汲み上げは地盤沈下をもたらします。また、埋め立て地などでも、土壌の間隙が圧力によって減少していくことにより地盤沈下が発生します。また近年、地下の岩石層に高圧の流体を注入して石油やガスを注入することが行われるようになってきましたが、それによっても地表では変形が観測されます。このような人間活動による地球の変形について第13章で解説します。

1.3 地球の内部構造を知りたい

　測地学の直接的な目的の一つは地球の変形を計測することですが、これを通して地下構造についての知見を得ることもできます。地球にある原因で力がかかったとき、「やわらかい」場所、専門用語でいうと剛性率の低い場所は大きく変形し、「硬い」もしくは剛性率の高い場所は小さく変形します。つまり、さまざまな原因により観測される地表の変形場は地下構造の情報をもっているといえるのです。

　地下構造を知るのに最も幅広く用いられているのは地震波を使った方法です。地震波の周期は1秒以下からせいぜい数百秒ですから、地震波を用いることによって分かる地下構造は比較的短い時間スケールの現象に対応するものといってよいでしょう。

　それに対して、測地学的な観測によって分かる地下構造はもっと長い時間スケールに対応するものです。たとえば、1.2節で後氷期変動について紹介しましたが、これはどのような物質でももつ長い時間スケールでの流体的な振る舞いの現れです。つまり、地球を構成する物質は（外核を除いて）日常生活の時間スケールでは固体的に振る舞うが、数千年を超える時間スケールでは流体的に振る舞うということです。現在観測されているこのような地表変形は地下の粘弾性構造の情報を含んでいますから、地球内部の粘弾性構造、すなわち長い時間スケールでの応答を知ることができるというわけです。

　後氷期変動ほど長い時間スケールでなくても、地球が流体的に振る舞うことがあります。第11章で紹介するように大きな地震が発生すると、その後数年から数十年にわたってゆっくりとした変形が観測されることがあります。

その多くの部分は地下数十 km の下部地殻や上部マントルの流体的振る舞いによるもので、これを粘弾性緩和といいます。このような観測も、地球の内部構造を知る上で重要な情報です。

第 2 章

地球は丸いというけれど……
地球の形

　地球は一周約 4 万 km の球形に近い形をしていますが、正確な球体ではありません。地球の形は球体というよりは横長の回転楕円体に近いのですが、正確に回転楕円体の形をしているわけではありません。図 2.1 を見てください。これはドイツ地球科学センター（GFZ）が作成した「ポツダムの重力ポテト」と呼ばれる画像で、地球の形の凹凸を極端に強調したものです。この地球の形は、地球が自転していることや地球の内部構造が不均質であることと密接に関係しています。ここでは、地球の形の測り方や地球の形を測るこ

図 2.1　凹凸を強調して描いた地球の形。凸部は赤く、凹部は青く描いている。
（https://www.gfz-potsdam.de/en/press/infothek/mediathek/images/geoid-the-potsdam-gravity-potato）

2.1 地球はなぜ丸いのか：万有引力と遠心力

とによって分かることについて解説します。

2.1 地球はなぜ丸いのか：万有引力と遠心力

この宇宙においては、全ての物質はお互いに引力を及ぼし合っています。これを万有引力といいます。手に持った物を空中で離すと地面に向かって落ちていくのは手に持った物と地球との間に引力がはたらいているからです。ある二つの物質にはたらく万有引力は、この二つの物質の質量の積に比例し、二つの物質間の距離の2乗に反比例します。このことをふまえて、なぜ地球は現在のような形をしているのかということについて考えてみましょう。

地球はなぜ丸いのか

地球はなぜ球形に近い形をしているのでしょうか？　なぜ直方体や三角錐など違う形をしていないのでしょうか？　それを理解するためには、地球のでき方を知る必要があります。

地球は約46億年前に、超新星爆発によって宇宙空間に飛び散ったちりやガスが衝突・合体を繰り返すことによってできました。衝突のエネルギーによって初期の地球は全体が溶けて液体になっていました。液体は重力の高いところから低いところに流れますから、初期の地球表面は等重力面になっています。二つの物体にはたらく万有引力の大きさは物体の距離にのみ依存し方位に依存しませんので、等重力面は球面になります。そのため、地球の形は球面に近いということになるわけです。同様なでき方をした多くの惑星が球形に近い形をしています。

地球はなぜ回転楕円体なのか

この章の冒頭でも述べたように、実際の地球は、実際には赤道方向にわずかに張り出した回転楕円体をしています。なぜでしょうか？　それには地球が自転しているということが大きな役割を果たしています。

そもそも、なぜ地球は自転しているのでしょうか？　地球は超新星爆発によって飛び散ったちりやガスが衝突・合体を繰り返してできたと先ほど述べましたが、これらの衝突は正面衝突とは限りません。お互いにずれた位置で

7

第 2 章　地球は丸いというけれど……

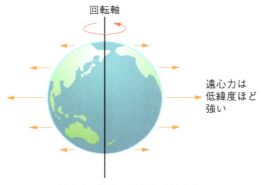

図 2.2　地球にはたらく遠心力。

衝突すると、回転成分が残ります。そのために地球が自転しているのではないかと言われています。

　回転する物体には、回転中心、もしくは回転軸から遠ざかる方向に遠心力がはたらきます（**図 2.2**）。遠心力は、角速度（ある点を回る回転運動の速度を単位時間あたりに進む角度）が同じ場合には、回転軸からの距離に比例します。つまり、地球が北極と南極を結ぶ線を回転軸として回転している（正確には違うのですが）と仮定すると、北極・南極では遠心力がはたらかないのに対して、赤道では大きな遠心力がはたらきます。回転軸からの距離が長い低緯度のほうが遠心力が大きくはたらきます（**図 2.2**）。遠心力のはたらく方向は重力のはたらく方向と逆ですから、地表では、低緯度ほど重力が小さいということになります。北極・南極での重力加速度は約 983 Gal（9.83 m/s^2）、赤道での重力は約 978 Gal（9.78 m/s^2）と、緯度の違いにより重力は最大約 0.5 % 違います。日本国内では、北海道での重力加速度は約 980.5 Gal（9.805 m/s^2）であるのに対して、沖縄での重力加速度は約 979.0 Gal（9.790 m/s^2）で、北海道での重力加速度のほうが沖縄での重力加速度よりも約 0.15 % 大きくなります。つまり、沖縄で 1 kg と計量される物質を北海道に持っていき同じはかりで計量すると、約 1.5 g 重く計られます。そのため、はかりは各地の重力値で校正されています。なお、重力の単位に使われる Gal（ガル）というのはガリレオ・ガリレイにちなんだものです。ロケットを打ち上げる場所は種子島宇宙センター（鹿児島県）・ジョンソン宇宙センター（米国テキサス州ヒューストン）・ケネディ宇宙センター（米国

フロリダ州)・バイコヌール宇宙基地(カザフスタンにあるロシアの宇宙施設)など、国の中で相対的に低緯度の場所にある場合が多いですが、それはロケットの打ち上げに対して抵抗する力となる重力が小さい場所のほうが、ロケットの打ち上げに必要なエネルギーが小さくてすむためです。

　地球は自転しているだけでなく、太陽の周りを公転もしています。ですから、公転による遠心力も地球にかかるのではという人もいるかもしれません。その通りです。地球は太陽の周りを1年に一周しますから、公転の角速度は自転の約1/365.2425です。太陽と地球の距離は約1億4,960万kmですから、回転半径は地球の半径の約23,500倍です。遠心力の大きさは角速度の2乗と回転半径の積に比例しますから、公転により地球にかかる遠心力は、自転によって赤道にはたらく遠心力の約18%になります。

　地球は太陽の周囲を公転していますが、それと同時に月が地球の周りを公転しています。地球-月間の引力が地球の変形に及ぼす影響はどうなのだろうと考える人もいるかもしれません。地球の周りを月が公転することによって地球に及ぼされる力は、月にはたらく遠心力と反対方向で大きさは同じです。月の公転周期は約27.3日です。公転による地球の変形の大きさは公転の角速度の2乗に比例しますから。月の公転が地球の変形に及ぼす力は、太陽の周りを地球が公転することによる力の約180倍になります。しかし、地球の自転による変形の大きさの約0.13%であるうえに、太陽の影響を考えたときと同様に、ある点に着目すると変形は約12時間の卓越周期をもちますから、月が地球の周りを公転することが地球の形に及ぼす影響もないと考えてよいのです。

2.2　地球の形：地球は丸いと確かめる方法

　現代人は、地球が球形に近いということを知っています。しかし、日常生活を送っている限りにおいては、地球が丸いということを実感する機会は多くないかもしれません。人類はどのようにして、地球が丸いということを認識するに至ったのでしょうか?

第2章 地球は丸いというけれど……

地球球体説の発展

地球が平らではなく丸いと最初に提唱したのは古代ギリシャの哲学者ピタゴラスおよびその一派で、紀元前6世紀のことであったと言われています。文献が残っていないので確かなことは言えませんが、ピタゴラスの主張は、科学的根拠というよりは、球体が最も完全な立体であるから我々の住む大地の形としてふさわしい、という信仰に基づくものであったと思われます。

地球が丸いという科学的根拠を最初に示したのはアリストテレスで、紀元前4世紀のことでした。アリストテレスは、月食のときに月に映る丸い影は地球の影だとし、月食を正しく理解していたことを示しました。また、アリストテレスは北や南に移動すると見える星が変わることからも、地球が球形であるということを提唱しました。

しかし、一般の人々にも地球が球形であるということが知れ渡るようになったのは、アリストテレスの時代から2000年ほどたった16世紀の大航海時代になってからです。1492年にクリストファー・コロンブスがインドを目指してスペインを旅立ち大西洋を西に向かっていった時代には、人々は、地球は平らで大西洋の端は奈落の底に落ちていると考えていました。コロンブスの航海により発見された大西洋とカリブ海との間に存在する島々が、インドからは遠く離れているにもかかわらず西インド諸島と名付けられたのはそのためです。

その後、1519年にフェルディナンド・マゼランに統率された部隊が世界一周の航海に出発し、1522年にマゼランのあとを受け継いだフアン・セバスティアン・エルカーノが世界一周を成し遂げて初めて、地球が少なくとも平らではないということが立証されたのです。世界一周したというだけでは地球の形が球形であることは立証されず、地球の形が他の立体である可能性も残されるのですが、紀元前3世紀にエジプトで活躍したギリシャの哲学者エラトステネスによって発明された三角法と呼ばれる測量方法も組み合わせて、地球が球体に近いということが受け入れられるようになりました。

この知識が日本にもたらされたのは1549年にフランシスコ・ザビエルによってです。日本では大地は四角い平面であるという中国古来の思想の影響を受けていましたが、ザビエルによってキリスト教とともに「地球説」が伝えられました。日本人の学者にこの地球説が広く行きわたるのは江戸時代の

2.2 地球の形：地球は丸いと確かめる方法

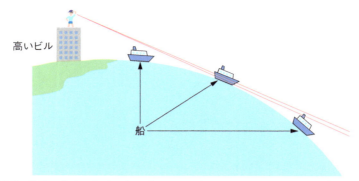

図 2.3 地球の丸みのため、高いビルにいる人からは近くの船は見えるがある程度以上遠くの船を見ることができない。

17 世紀後半から 18 世紀前半のことですが、世界は四角い須弥山というものでできている、という当時の仏教の教えにより仏教界からは強い抵抗を受け、地球説が教えられるようになったのは明治時代になってからのことでした。

　日常生活で地球が球体であるということを感じるにはどうしたらよいでしょうか。海の近くの高台に登ってみましょう。高台から海を眺めると水平線が見えるでしょう。もし岸から遠ざかる船があるとすると、船が遠ざかるにつれ船の底部から見えなくなっていき、ついには船が見えなくなるでしょう。このようなことが起きるのは、地球が平らではなく丸いからです（**図 2.3**）。

地球の大きさを測る

　地球の大きさの計測もまた、紀元前にさかのぼります。地球の大きさを最初に測ったのはエジプトで活躍したギリシャ人のエラトステネスで、紀元前 3 世紀のことです。エラトステネスは、シエネ（現・アスワン）という街のある深井戸で夏至の正午だけ太陽の光が水面にまで届く、つまり南中高度が 90 度になるということを知り、それを利用して地球の大きさを測ろうとしました。シエネのほぼ真北にあるアレクサンドリアでは夏至の正午の太陽の位置が天頂の位置から 7.2 度であり、エラトステネスは、これをシエネとアレクサンドリアの緯度の違いによるものだと考えました。すなわち、地球一周

11

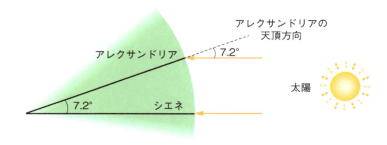

図 2.4 シエネで南中高度が 90°のとき、アレクサンドリアでは太陽は天頂から 7.2°の位置にある。

の長さはシエネとアレクサンドリアまでの距離の 50 倍であるとしました（**図 2.4**）。シエネとアレクサンドリアの距離は隊商がこれらの街を往復する日数から、当時の単位で 5,000 スタジアと求めました。1 スタジオン（スタジアの単数形）の現在の単位での長さは時代や国によって異なり、約 177 m から 185 m までばらついていましたが、1 スタジオン = 185 m とすると地球一周の長さは 250,000 スタジア = 46,250 km となります。この推定は実際の地球一周の長さ約 40,000 km と 16 %ほどしか違わないもので、2000 年以上前の推定であることを考えると驚くべき精度の推定ということができます。

　これまで、地球一周の長さは約 40,000 km と何度か書いてきましたが、この「約」は「ほぼ正確に」と置き換えることもできます。なぜなら、メートルという単位がそもそも「北極から赤道までの距離を 10,000 km とする」すなわち地球一周の長さを 40,000 km とすると 1795 年に定義されたものだからです。実際には、1799 年にダンケルク（フランス）とその真南にあるバルセロナ（スペイン）までの距離を測定し、それに基づき白金製のメートル原器が制作されました。現在では光が真空中を 1/299,792,458 秒間に進む距離が 1 m と定義されています。この定義で北極と赤道の間の距離を計測すると 10,002.288 km になります。ですから、地球一周の長さは「正確に」40,000 km ではないのですが、「ほぼ正確に」40,000 km であると言えるかもしれません。また、18 世紀末の時点で地球の一周の長さを約 0.02 %の精度で測ることができていたということも分かります。

2.3 地球は完全な球体ではない：万有引力と遠心力

　地球上で一番高い山は何でしょう？　ほとんどの人がエベレスト（チョモランマ）山（標高 8,848 m）と答えるでしょう。海面からの高さということであれば正解です。では地球の中心からの距離（地心距離）が一番遠いということであればどうでしょう？　地心距離が一番遠い地表はエベレスト（チョモランマ）山ではなくエクアドルのチンボラソ山（標高 6,310 m）です。なお、日本で地心距離が一番遠いのは富士山頂ではなく日本最南端の沖ノ鳥島です。なぜこのようなことが起きるのでしょうか。

　ここまで地球が完全な球体であるかのように仮定して話を進めてきましたが、実は地球は完全な球体ではなく、赤道半径が極半径よりも長い、つまり赤道方向に張り出した回転楕円体に近い形をしています。そのため、海面までの地心距離は低緯度で長く高緯度で短くなります。つまり、低緯度にある高山の地心距離は中緯度にあるエベレスト（チョモランマ）のそれよりも長くなるのです。

地球楕円体説の発展

　地球が完全な球体ではないということに人間が最初に気がついたのは、1672 年のことでした。フランス領ギアナのカイエンヌ（北緯 5 度）に派遣されて火星の観測をしていたパリ天文台のジャン・リシェは、パリ（北緯 49 度）で正確に調整した振り子時計が、カイエンヌでは 1 日あたり 2 分 28 秒（約 0.17 %）遅れることに気がつきました。これは振り子が 1 往復する時間がカイエンヌでパリよりも長いことを意味します。振り子が 1 往復する時間は、振り子の長さの 1/2 乗に比例し、重力の 1/2 乗に反比例しますから、カイエンヌの振り子がパリの振り子よりも長いか、カイエンヌではたらく重力はパリよりも小さいということになります。カイエンヌではパリよりも高温のため、振り子が熱膨張したのではないかと最初疑われましたが、アイザック・ニュートンは、観測された振り子時計の周期の違いは振り子の金属の熱膨張では説明できず、カイエンヌとパリでの重力の違いによるものだと考えました。つまり、赤道付近にあるカイエンヌのほうが高緯度のパリよりも地

心距離が長いために地表ではたらく重力が小さい、すなわち地球は赤道方向に張り出した回転楕円体であろうと提唱したのです。

ニュートンは、地球が北極・南極の周りを自転していることに注目し、その遠心力が地球の形を赤道半径の長い回転楕円体にしていると考えました。自転による遠心力が北極と南極では全くはたらかず、赤道で遠心力が最も強くはたらきます。ニュートンは地球をつくる物質の密度が一定で、かつ長い時間スケールでは液体のように自由に形を変えられると仮定し、著書『プリンキピア』（1687 年）で扁平率を 1/230 と求めました。すなわち、極半径は赤道半径よりも 1/230 だけ小さいということです。後述するように、実際の地球の扁平率は約 1/300 で、地球を構成する物質が均一であるなどのかなり粗い仮定を用いたにもかかわらず、ニュートンは地球の扁平率をかなり正確に求めていたことが分かります。

地球の形とは

今さらですが、「地球の形」とは何でしょう？　今までこの言葉を何気なく使ってきましたが、きちんと定義しなくてはなりません。ここで用いる「地球の形」とは、地球の重力による位置エネルギー（重力ポテンシャル）の等しい面で地球全体の平均海面に最もよく整合するもの（ジオイド）の形です。

現在では、さまざまな観測により地球の形は回転楕円体によってよく近似されることが分かっています。そのため、数々の地球楕円体モデルが提唱されてきました。最もよく使われているのは、1979 年に採択された測地学参照システム 1980（Geodetic Reference System 1980；GRS80）で赤道半径 6,378.137 km、扁平率 1/298.257 222 101 です。海域の測量や全地球測位システム（Global Positioning System；GPS）の測地系は世界測地系システム 1984（World Geodetic System 1984；WGS84）を用いています。WGS84 は GRS80 と赤道半径が等しく、扁平率 1/298.257 223 563 もわずかに異なるだけで、極半径が 0.105 mm 異なるだけですので、実質的に GRS80 と WGS84 は同一のものとみなすことができます。

日本では、2002 年までは、1841 年にフリードリヒ・ウィルヘルム・ベッセルにより提唱されたベッセル楕円体（赤道半径 6,377.397 155 km、扁平率 1/

299.152 813）を用いてきましたが、2002 年 4 月 1 日より GRS80 に準拠した座標系を用いています。なお、日本においては東京湾平均海面を基準のジオイド高としています。

いずれにしても、地球の実際の扁平率は 1/300 ほどで、これは極半径が赤道半径よりも約 21 km 短いことに相当します。

2.4 地球は完全な回転楕円体でもない

ここまで述べたように、地球の形は地球楕円体と呼ばれる回転楕円体によってよく近似されますが、完全に回転楕円体というわけではありません。地球には山や海などの地形があるので当然だと思うかもしれません。しかし、ここで話しているのは地球表面の地形の話ではありません。上に述べたように、ここでいう地球の形、というのは平均海面高、つまりジオイドの形のことです。陸上では海面を定義することはできませんが、たとえば海岸から運河を掘ったときに水面がつくる面として仮想的に定義されています。ここで述べているのは、ジオイドの形が完全な回転楕円体ではないということです。

世界と日本のジオイド高

地球上のジオイドの形は、先に示した**図 2.1** に可視化されています。この図を見ると、地球の形が回転楕円体から大きくかけ離れているようにも思えますが、この図はジオイド高（ジオイドと地球楕円体との差）を 10,000 倍に強調して描いています。**図 2.5** に世界のジオイド高の分布を示しています。西欧・北大西洋や南西太平洋・南米西海岸などで高く、インド洋で低くなっていますが、おおむね ±100 m の範囲に収まっています。地球の半径が赤道半径で約 6,378 km ですから、ジオイド高は地球の半径の 0.000 03 ％ほどにすぎない、つまり地球の形は「ほぼ完全に」回転楕円体であるということもできるのです。なお、最も高い山と最も深い海の高さの違いは約 20 km で、これは地球の半径の 0.3 ％ほどにあたります。地球の形を「固体地球の形」とより直観にそった方法で定義したとしても、地球の形は「ほぼ」回転楕円体であるということができるでしょう。

第 2 章　地球は丸いというけれど……

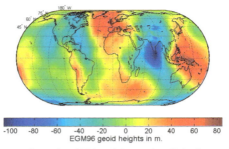

図 2.5　EGM2008 モデルによる世界のジオイド高の分布（https://en.wikipedia.org/wiki/Earth_Gravitational_Model）。

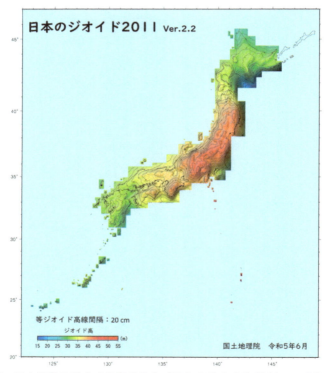

図 2.6　日本列島のジオイド高の分布（日本のジオイド 2011 ver. 2.2 より。https://www.gsi.go.jp/buturisokuchi/grageo_geoidmodeling.html）。

　図 2.6 に日本付近のジオイド高の分布を示しています。日本付近は回転楕円体よりも全体的に数十 m 浮き上がっています。日本では東京湾の平均海面

を海抜 0 m と定義していますが、東京湾の平均海面は地球楕円体よりも約 37 m 浮き上がっています。GPS による測量では、ある地点の高さを WGS84 地球楕円体に対する高さとして計測しますが、日本国内の標高 0 m 地点で GPS による測量を行った場合、高さ約 37 m と表示されるのです。

図 2.6 はまた、ジオイド高が日本付近で場所によって 20 m ほど異なることも示しています。日本列島東方沖の日本海溝沿いではジオイド高が相対的に低くなっています。それに対して、伊豆諸島周辺ではジオイド高が相対的に高くなっています。

ジオイド高が場所により異なるわけ

もし、地球の内部構造がタマネギやバウムクーヘンのように水平方向の不均質がなく深さ方向にのみ変化するのであれば、ジオイド高は場所によって変化することはありません。実際に、地球の内部構造は深さによる変化によっておおむね説明できることは確かです。しかし、水平方向の不均質も存在し、それがジオイド高が場所によって異なることとなって現れています。具体的には、水平方向の密度の不均質がジオイド高の空間分布となって現れています。

第3章

地球ははたして固体なのか？
地球内部構造の基礎知識

　当然のことですが、地球の内部を直接見ることはできません。火山活動により地球内部から噴出してきた物質から地球内部の情報を得ることができますが、そのような物質の量は少ないため、得られる情報は限定的です。ですから、地球の内部構造よりも月表面の岩石の物性のほうがよく分かっているといえるかもしれません。それでも、私たちはさまざまな方法で地球の内部構造を探索し、現在では**図 3.1**のような構造が明らかになっています。この章では、今まで明らかになった地球の内部構造について解説します。

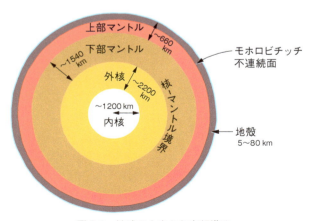

図 3.1　地球の大まかな内部構造。

3.1 地球を透視する方法

地球の内部を直接見ることはできないと先ほど述べましたが、地球に穴を掘れば見られるのではないかと思うかもしれません。それはそれで正しい考えです。地球を掘って中身を直接見てやろうという計画は 1950 年代からありました。しかし、地球は地下に行けば行くほど高温・高圧の世界になることもあり、深い穴を掘るのは費用もかかりますし技術的にも困難です。今まで地球に掘られた最も深い穴は約 12 km です。地球の半径が約 6,370 km であることを考えると、地球の表面から中心までの距離の約 0.2 % を掘ったにすぎません。ニワトリの卵の大きさが約 40–50 mm で卵殻の厚さが 0.3–0.4 mm であることを考えると、地球を卵にたとえると、殻の厚さすら掘ることができていないということになります。

では、実際に地球を掘ることなくどうやって内部構造を知ることができるのでしょうか？

どうやって地球の中身を見るか：地球と人体のアナロジー

みなさんは、スイカの熟れ具合を知りたいと思ったときにスイカを軽く叩いて音を確認したことはありますでしょうか。また、人間ドックなどで CT スキャンを用いてご自分の体を検査したことはありますでしょうか。これらは非破壊検査といって、対象となる物体を破壊することなく内部構造を知ろうとしています。スイカの場合は音で、CT スキャンの場合は X 線で物体の内部構造を見ています。地球の場合は、地球内部を伝わる地震波で内部構造を見ます。地震波で内部構造を見ることが CT スキャンで体内を見ることに相当し、掘削によって地球の内部を見るのが内視鏡検査で内部を見ることに相当するでしょうか。CT スキャンの場合は、X 線が体内を通る場所をある程度自由にコントロールできるのに対し、地球の場合には観測点や地震の震源の場所に制限があるために、理想的な内部構造探査はできないという制限があるという違いがあります。

第3章　地球ははたして固体なのか？

地球の層構造

地球は46億年前にたくさんの微惑星の衝突や合体によってできました。衝突のエネルギーによって地球は全体が溶け、重力のはたらきにより、密度の高い鉄などは中心へ沈んでいきました。その後、表面から冷やされることによって現在の地球が形成されましたが、地球内部はウランなどの放射性の原子から発する熱によって高温が維持されています。

このような地球のでき方を考えると、地球が層構造、つまり地球の構造が地表からの深さ、言い換えれば中心からの距離に最も依存していると考えるのは自然なことです。そのため、地球の構造が中心からの距離にどう依存しているかが最初に調べられました。

地球に液体のコア（核）があることが最初に明らかにされたのは今から100年以上前のことです。リチャード・オールダムは、さまざまな地震記録を集め、震源距離120度から150度までの範囲には地震波が伝わらないことなどから、地球内部に液体のコアがあること、その半径が地球半径の0.4倍を超えないだろうと提唱しました。1906年のことです。このような地震波の伝わらない範囲をシャドーゾーンと呼び、現在の知見ではシャドーゾーンは震源距離103度から143度の間にあります。また、現在の知見では地球半径約6,370 kmに対してコアの半径は約3,480 kmですから、オールダムはコアの半径をやや過小評価していたことになりますが、それでも100年前の研究としては、コアの存在を予言していたこと、その大きさをある程度正確に推定していたことは驚くべきことであるといえるでしょう。1914年にはベノ・グーテンベルグがさらに地震記録を整理し、地表からコアまでの距離が約2,900 kmと推定しました。現在の知見では地表からコアまでの距離が約2,890 kmですから、この時点で恐るべき正確さでコアの大きさを推定していたことになります。この核–マントル境界のことをグーテンベルグ不連続面と呼ぶこともあります。

その後、地震観測網が整備されていくに従い、地震波が全く伝わらないと思われていたシャドーゾーンにも弱い地震波が観測されることが明らかになりました。1936年、インゲ・レーマンは固体の内核の存在を提唱し、その半径は約1,400 kmであるとしました。現在の知見では内核の半径は約1,220 kmですから、当時の推定は正確なものであったといえるでしょう。こ

の時点で、固体の内核と液体の内核の存在が明らかになりました。構成する物質はどちらも鉄やニッケルなどの金属です。自由電子を多く含む鉄やニッケルの液体でできた内核が対流するため、コイルに流れる電流が磁場をつくるのと同じように地球にも磁場が発生しています。

では、より浅部の構造はどうなっているでしょうか？　1909 年、アンドリア・モホロビチッチは、地球内部のある深さを境に、縦並みに相当する P 波の伝搬速度が大きく増すこと発見しました。この境界面をモホロビチッチ不連続面もしくはモホ面と呼びます。モホ面以浅を地殻、以深をマントルといいます。モホ面の深さは海洋域では 5–7 km 程度であるのに対して、大陸域では深く、チベットやアンデス山脈では 70–80 km に及びます。日本付近でのモホ面の深さは 30–40 km です。

地殻より深くコアより浅い部分はマントルと呼ばれます。地球の半径が 6,370 km、地殻の厚さが 5–80 km、核–マントル境界が約 2,890 km ですから、マントルは地球の体積の約 8 割を占めることになります。マントル中の地震波の不連続は深さ約 410 km・520 km・660 km・2,700 km に見られます。この地震波速度の不連続はマントルを構成する鉱物の相転移によるものです。相転移というのは、水が氷になったり水蒸気になったりするように、周囲の温度・圧力に応じて安定な状態が変化することをいいます。この場合は、固体から固体への相変化ですが、結晶構造が変化するために地震波速度変化の不連続が生じます。

これらの地震波速度不連続の中で最も大きなものは、深さ 660 km のものです。これよりも浅部は上部マントル、深部は下部マントルと言われます。上部マントルと下部マントルは独立に対流しているという説と一体となって対流しているという説がありますが、数値シミュレーションで得られる知見や地球化学的な情報はお互いに矛盾するものも多く、マントル対流については統一された見解は得られていません。

ここまで読まれた読者は、マントルは固体なのに対流するのかと疑問をもたれたことでしょう。対流というのは、重力（浮力）によって物質が動くことによって熱を輸送することをいいます。冬にストーブをつけると、ストーブ付近の空気が温まり、密度が下がることにより上へと上がっていきます。そこにできた空間に他の空気が入ってきます。入ってきた空気は温められ密

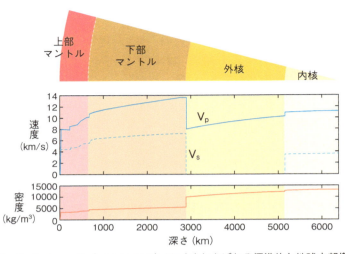

図 3.2 Preliminary Reference Earth Model とよばれる標準的な地球内部構造 (Anderson & Dziewonski, 1981)。

度が下がり、上へと上がっていきます。これにより部屋全体が空気の対流により温まります。このように、対流は気体や液体の熱の輸送の効率的な手段です。マントルは固体ですが、固体も長い時間スケールでは液体的に振る舞うことを思い出しましょう。マントルも長い時間スケールでは対流しているのです。具体的には年数十 mm くらいの速度で流動しています。

話が脱線しましたが、このような研究をまとめて、アダム・ジウォンスキとドン・アンダーソンは 1981 年に Preliminary Reference Earth Model (PREM) と呼ばれる標準地球モデル（**図 3.2**）を提唱しました。このモデルは、地球の構造は地球の中心からの距離のみに依存する（層構造をとる）と仮定して、地震波速度・減衰・重力・圧力などが地球の中心からの距離の関数として与えられています。ジウォンスキとアンダーソンは、この功績により、1998 年にスウェーデン王立科学アカデミーよりクラフォード賞が授与されました。その後も、さまざまな地球モデルが提唱されています。

3.2　地球の力学的内部構造

ここまで、主に地震波速度構造から、地球が浅いほうから地殻・上部マン

トル・下部マントル・外核・内核の層構造をしているということを示してきました。地震波速度の違い、とくに不連続を生み出すのは主に岩石などの物性の変化、つまり化学的性質の変化です。しかし、地球の変形をあつかう測地学においては、地球の化学的性質だけではなく、力学的性質も重要です。物質の変形や流動についての学問をレオロジー（rheology）といいます。この言葉は 1920 年代にユージン・ビンガムによって提唱された言葉で、*rheo-* はギリシャ語で「流れ」を意味します。ビンガムは古代ギリシャの哲学者ヘラクトイレスの言葉とされる *panta rhei*（万物は流転する）に触発されて、この学問名を着想したといわれています。では、レオロジーに注目した場合、地球の構造はどのように見えるでしょうか？

リソスフェア・アセノスフェア

地球の表面から海洋域では 70–100 km、大陸域では 100–150 km までの深さでは、数万年以下の時間スケールでは岩石は弾性体として振る舞います。弾性体というのは、バネやゴムのように、力をかけるとかけた力に比例して変形するけれども、力を抜くとすぐに元に戻る性質をもつ物体のことです。この部分をリソスフェアといいます。リソスフェア（lithosphere）は、岩石（litho-）からできている層（sphere）という意味で、20 世紀初頭につくられた言葉です。先ほど 70–100 km とか 100–150 km と示した深さは、岩石が部分的に溶け始める深さで、この厚さを熱的リソスフェアの厚さとか化学的リソスフェアの厚さということもあります。その中で特に硬い部分を力学的リソスフェアとか弾性的リソスフェアと呼ぶこともあります。つまり、リソスフェアという言葉は岩石の力学的性質により決まるもので、一義的な定義が難しいということです。

リソスフェアよりも深く、約 400 km よりも浅い部分はアセノスフェア（asthenosphere）と呼ばれます。この言葉は、弱いという意味の *asthenes* というギリシャ語からきています。ここでは、岩石はリソスフェアよりも流動しやすい性質をもっています。より深部の岩石はアセノスフェアより流動しにくい性質をもっています。

力学的構造を支配するもの

ここまでリソスフェアは弾性体として振る舞い、アセノスフェアはより流動性が高いと述べましたが、では、これらの違いは何の違いを反映しているのでしょうか？ 岩石に限らず全ての物体は、加えられた力の大きさに比例して変形する固体的性質（弾性）と加えられた力と変形速度が比例する流体的性質（粘性）をもっていますが、リソスフェアとアセノスフェアの違いは、流体の粘りの強さを表す粘性率の違いを反映しています。

図3.3に、深さごとの粘性率の例を示しています。地球深部の岩石の粘性率は推定するのが難しいために地震波のような標準的なモデルはなく、多くの研究者がそれぞれのモデルを提唱していますが、おおむね、アセノスフェアでは10^{20} Pa·s程度の低い粘性率をもち、リソスフェアや下部マントルは10^{22} Pa·s程度の、より高い粘性率をもちます。なお、常温の水の粘性率は0.001 Pa·s、マヨネーズの粘性率は常温で約20–25 Pa·s、ジャムの粘性率は

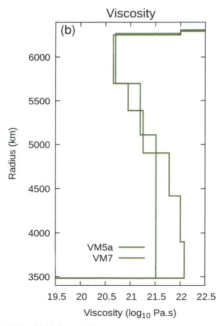

図3.3 マントル以浅の粘性率の分布。VM5aはPeltier et al. (2015)、VM7はRoy & Peltier（2015, 2017）によるものである。

常温で約50-60 Pa·sですから、岩石の粘性率は液体と比べるとアセノスフェアでも非常に高いです。地球の内部は液体のドロドロのマグマで満たされている、という漫画をたまに見ることがありますが、これは誤りです。岩石は水やジャムよりもはるかに流れにくい、つまり人間の時間スケールでは固体にみえることが分かるでしょう。

岩石に限らずどのような物体でもそうですが、物体の粘性率を剛性率で割った値は、物体の変形様式の特徴的な時間スケール（マックスウェル時間）を表し、その時間よりも長い時間スケールでは粘性的な（流体的な）変形が卓越し、短いと弾性的な（固体的な）変形が卓越します。このような物質を粘弾性体といいます。たとえば、アセノスフェアを代表するような岩石として、ヤング率 10^{11} Pa・粘性率 10^{20} Pa·s の物質を考えると、マックスウェル時間は 10^9 秒つまり約30年になります。アセノスフェアにおいては、約30年以上の時間スケールでは粘性的な変形が卓越し、それ以下では弾性的な変形が卓越するということになります。もし、剛性率が変わらず粘性率が 10^{22} Pa·s になれば、マックスウェル時間は3000年ということになります。

第4章

紀元前から測られてきた地球
伝統的な地上測量技術の原理

　地球はさまざまな要因で変形します。その変形のメカニズムを理解するために最も基本的なことの一つは、測定をすることです。測量技術は紀元前3000年頃の古代エジプトの時代から存在し、地表の2点間の距離や傾斜を測ってきました。測量技術は現在も発展し続けています。特に1980年代に登場した衛星測位技術は、測量技術を大きく変えたといえます。ここでは、衛星測位技術登場前から長年にわたって行われているさまざまな測量技術を紹介し、測量することによって分かることについて述べていきます。**図4.1**に本章で紹介する測量技術をまとめています。

4.1　測るとはどういうこと?

　測量技術そのものは、地球が変形するということが認識される前から存在していました。古代エジプトでは、紀元前2500年頃にはすでに測量器具が存在し、ピラミッドの建設に用いられてきました。日本でも、古墳の整然とした形態を見るに、4世紀頃には測量技術が存在したのではないかと思われます。6世紀末から7世紀の飛鳥時代には、区画された土地の測量が始まっています。この時代の測量は、自分の土地の場所や大きさを確定するという意味で大きな意味をもっていました。

　測量技術を土地や建築物の測量だけではなく地図の作成に応用し始めたのは17世紀後半のことです。科学的測量による地図は、フランスで17世紀末期に初めてつくられました。日本では、伊能忠敬らが日本全国を測量して19世紀初頭につくられた地図が最初のものです。地図をつくるということは、

それぞれの所有者がもつ土地の場所や大きさを確定するだけではなく、国土の形・大きさ・地形を明らかにすることによる安全保障上の意味もありますし、領土の確定を通して領海や領空を確定し、漁業権などを確保するという意味もあります。

20世紀初頭までには、地震・火山噴火・潮汐によって地球が変形することが明らかになってきました。最近になって、気候変動による氷床の融解が長期にわたって継続するということも明らかになってきました。つまり、地球を計測する意味が、自らの土地の形状や大きさを確定するという実用的な側面だけではなく、地震や火山噴火のメカニズム、さらには地球内部構造を探究するという科学的意味ももつようになりました。1980年代後半からの衛星測地技術の普及により、地球計測は質・量ともに飛躍的に向上しました。そのため、地球計測を通して地球の構造や変形メカニズムを解明するという科学的意義はますます増しています。

さらに、21世紀に入って、強い重力場にある（重力ポテンシャルの低い場所にいる）時計は遅く進むという一般相対性理論の効果を無視できないほど精密な時計が開発されました。そうすると、時計で重力ポテンシャルを計測するということが可能ということになります。実際に時計で重力ポテンシャル、つまり高さを精密に計測することができる時代が到来しようとしています。今後も計測精度が上がっていくたびに新しい科学が生み出されていくことでしょう。

初期の測量は北極星や太陽などの恒星の位置を参考にしていました。しかし、この方法では精度に限りがあるために、天文学的手法を用いない方法が開発されてきました。ここでは、現代でも用いられている測量方法について解説します。

4.2　高さの差を測る：水準測量

水準測量は、2点の観測点（水準点）の相対的な高さの差を計測するもので、古代エジプト時代から用いられ、ピラミッドを建設するときにも用いられたといわれています。日本では1883年から現在に至るまで継続して行われています。水準測量は、**図4.1a**に示すように水準儀と標尺を用いて行い

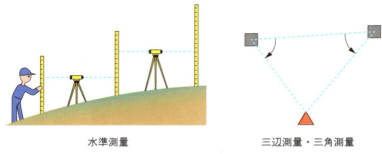

図 4.1　伝統的な測量手法。

ます。水平に設置された水準儀により、2点の水準点に鉛直に立てられた標尺の目盛りを読み取ることによって2点の標高差を測定します。具体的には、読み取った2点の目盛りの値の差が標高差になるというわけです。高精度の測定が必要となる観測では、標高差を 0.01 mm の単位まで読み取ります。従来は目盛りの読み取りは人の目によって行い、高精度の計測を行うには高い技術が必要でしたが、近年ではデジタル画像処理技術を用いた電子レベルが普及して、計測にかかる労力は低減されています。標高差を測る2点間は必ずしも視認できません。その場合は、視認できる場所に補助的な水準点を設置して水準測量を行い、それを繰り返すことにより2点の水準点間の標高差を計測します（図 4.1）。

現在では、GNSS 観測の普及により GNSS 水準測量という手法も行われるようになっています。GNSS 観測により、観測点の地球楕円体に対する高さが分かります。また、日本では標高 0 m の地球楕円体に対する高さ、すなわちジオイド高の高精度な空間分布が明らかになっています（図 2.6）。すなわち、GNSS 観測をすることにより、その観測点の標高が分かります。GNSS 観測点を起点として水準測量をすることにより、水準点の標高の絶対値が計測できるというわけです。

水準測量による標高差の計測は高い精度で行われますが、それでも誤差が全くないわけではありません。路線距離が長くなるに従い、誤差は蓄積していきます。観測による誤差がランダムなものであるとすると、誤差の大きさは路線距離の平方根に比例します。その誤差を評価するために、同じ水準路線を往復して往観測と復観測の値の差を計測したり、環状の水準路線を一周

したときに同じ点で計測された標高差（環閉合差）を計測したりして、計測の精度を評価します。最も高い精度が要求される1級水準測量の場合、往復誤差・環閉合差は路線距離を L km として、$2.5\sqrt{L}$ mm 以内であることが要求されています。つまり、水準路線が 25 km である場合往復誤差・環閉合差は 12.5 mm 以内であることが要求され、水準路線が 100 km である場合には、往復誤差・環閉合差は 25 mm 以内であることが要求されます。

　地震や火山活動などで地表が変形すると水準測量でも変形が計測されますが、計測精度は多くの場合数 mm となり、GNSS による測定精度を上回ります。そのため、水準測量は現在でも広く行われています。また、日本における水準測量は 100 年以上の歴史があり、数十年を超える期間の変動を記録している唯一の計測手段であるため、長期間の地殻変動を理解するためには重要な計測手段です。たとえば、西南日本の水準測量からは、1944 年東南海地震（マグニチュード 8.2）や 1946 年南海地震（マグニチュード 8.4）前後の地表変形が観測され、第 9 章で解説するように、大地震の発生メカニズムや発生後の変形のメカニズムについて多くの示唆を与えています。しかし、水準測量には人手や時間がかかるため、同じ場所を計測できるのはせいぜい 1 年から数年に一度です。そのため、時間分解能が悪いというのが水準測量の欠点です。

　図 4.2 に、東南海地震・南海地震前後に水準測量で計測された地表の上下変動の時間変化を示しています。地震前の応力蓄積、地震による地殻変動、地震後の余効変動が明瞭に観測されています。水準測量は長い期間観測が計測されているため、地震前の応力の蓄積・地震による応力の解放・地震後の余効変動による応力の再分配・その後の応力の再蓄積といった地震サイクルのほとんど全てを観測することができています。これらの変動が生じるメカニズムについては第 9 章で解説します。

　なお、ここまで述べてきた手法は直接水準測量といいます。トータルステーションなどで 2 点間の斜距離と鉛直角を求め、そこから標高差を求める手法は間接水準測量と呼ばれ広義の水準測量に含まれますが、測定精度は直接水準測量より大きく劣ります。

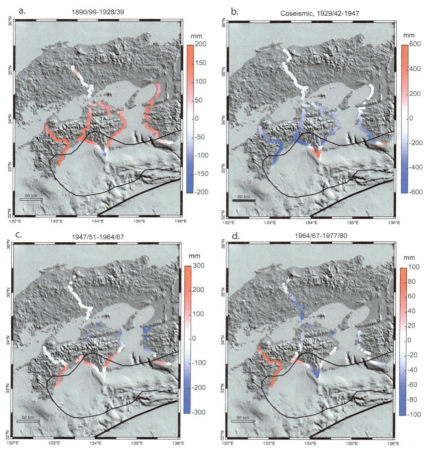

図 4.2 東南海・南海地震前後に水準測量によって計測された西日本の上下変動。Johnson & Tebo (2018) より。

4.3 角度を測る：三角測量

　あなたが両目で物を見ると、それが遠いところにあるのか近いところにあるのか、少なくとも大まかには分かります。なぜでしょうか？　それは、あなたの右目から見たい物への方角と、左目から見たい物への方角が違うためです（**図 4.3**）。人間の脳は、この方角の違いを用いて自分と見たい物までの

4.3 角度を測る：三角測量

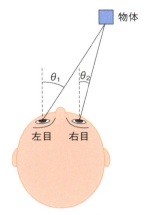

図 4.3 人間が物体を見る模式図。θ_1 と θ_2 が一般には異なるので人間は物体の位置が目で見て分かる。

距離を測っています。三角測量の原理は、基本的にはこれと同じことです。つまり、人間の脳は三角測量をすることにより、見たい物の位置を測っているのです。

　三角測量とは、既知の2点を結ぶ直線と測定したい点とのなす角を計測することによって測定したい点の位置を決定する手法です（**図 4.1b**）。三角形の性質を用いて測量を行う技術は紀元前6世紀の古代ギリシャ時代からあったといわれていますが、現代の三角測量の原理が考え出されたのは16世紀前半のことで、オランダのゲンマ・フリシウスによってです。実際の三角測量は、17世紀前半にヴィレブロルト・スネルによって行われました。なお、このスネルの名は波の屈折現象を説明するスネルの法則として名を残しています。その後、この技術を用いて世界各地で地図がつくられました。伊能忠敬も三角測量を用いて日本最初の地図を作成しました。

　三角測量はこの数百年、測量・航海・天文学・兵器の照準など、さまざまな分野に応用されてきました。現在でも3次元レーザースキャナーなどに三角測量の原理が応用されています。地震・火山活動にともなう地表変形の計測にも三角測量が広く用いられてきました。たとえば、東南海地震・南海地震にともなう地表変形の計測にも三角測量が用いられました（**図 4.4**）。しかし、1980年代により精度の高い計測ができるGPSが登場し、三角測量は地殻変動観測としては下火になりました。

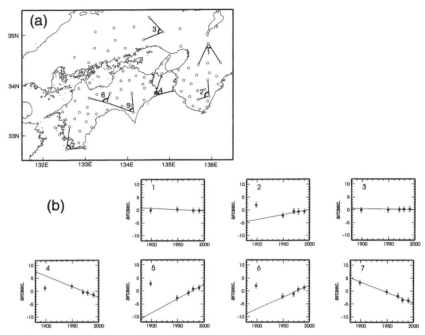

図 4.4 三角測量を用いた 1944 年東南海地震および 1946 南海地震前後の地殻変動の観測。(a) に記された番号の角度変化が (b) に記された番号に対応する。Sagiya & Thatcher (1999) より。

4.4 距離を測る：三角測量・光波測量

　光は有限の速度（約 30 万 km/s）で伝搬し、かつ波動としての性質をもつので、これらの性質を利用して 2 点間の距離を測定することができます。この考えに基づき、1950 年代頃から、レーザーを用い 2 点間の距離の時間変化が測定されてきました。

　光波測量では、二つの観測点を用意し、片方の観測点からもう一つの観測点に向かってレーザーを照射します。照射されたレーザーはもう一つの観測点に取り付けられた鏡で反射して照射源に戻ってきます。レーザーを照射して戻ってくるまでの時間を計測することにより、2 点間の距離を測定することができます。具体的には、反射光と内部の参照信号との位相差を測り、2

点間の距離を計測しています。1980 年頃からは、2 点間の距離だけでなく方位も計測できるトータルステーションが登場し、計測が便利になりました。

　光は直進するので、視界が確保されている限り光波測量は理論上どのような距離も計測することができます。しかし、2 点間の視界が確保されていなくてはならず、現実的には地球上では 100 km 程度までの距離を光波測量で測ることができます。霧などが発生すると 2 点間の視界が確保できませんので、観測を行うことができません。また、大気中の水蒸気の量により光の屈折率が変わるため、それが誤差の原因になります。観測の際には現地の気温・気圧・湿度などを計測しますが、それでも水蒸気の影響を完全には除去することは困難です。このような誤差源がありますが、光波測量では 2 点間の距離を数 mm 程度の誤差で計測することができます。

　このように、光波測量は精度の高い計測を行うことができますので、測量現場では現在でも幅広く使われています。しかし、観測点の座標を同等な精度で計測できる GPS の登場により、光波測量の地球科学への応用は下火になっています。

第5章

小さな変形も見逃さない
連続観測

　第4章で述べた伝統的な測量技術は、光波測量は別として基本的には数ヵ月もしくは数年に一度の計測を想定しており、連続的な計測を想定してはいません。しかし、地球の変動現象はさまざまな時間スケールをもっており、連続観測を継続することにより発見できた現象もたくさんあります。現在ではGNSSにより当たり前のように連続観測が行われていますが、GNSS（GPS）登場前は、地殻変動連続観測といえばここで述べる傾斜計・ひずみ計・潮位計などによる観測でした。ここでは地上で連続的に地球の変形を計測する手法（**図5.1**）を紹介します。

5.1　変形を連続的にとらえる方法

　傾斜計やひずみ計は19世紀後半から地震計とともに開発が進められ、長い間観測が行われていますが、GNSSなどの衛星測地技術が登場した現在でも、衛星測地技術よりも時間分解能が高いことや感度が高いことから、現在

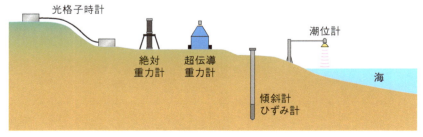

図5.1　地球の変形を連続的に観測するためのさまざまな手法。

でも地殻変動観測に重要な位置を占めています。また、傾斜計やひずみ計は地震波の帯域の波動を記録することもできますので、地震学の分野でも広く用いられています。潮位計は GNSS と比べると精度では劣りますが、100 年以上にわたって観測が行われていることから、長期間の変動を研究するために現在でも用いられています。潮位計の本来の目的である海面高の計測は、近年の地球温暖化による海面変動の観測に威力を発揮しています。

傾斜計

傾斜計は文字通り地面の傾斜変化を測定するものです。傾斜計にはさまざまな種類のものがありますが、微小な変形を計測する傾斜計としては、主に横穴に設置する長基線傾斜計と縦穴に設置するものがあります。どちらにしても、地殻変動の計測のためには、少なくとも潮汐を記録できるくらいの感度、すなわち 10^{-8} rad（1 rad＝57.3 度）程度の傾斜を検知できる感度がなくてはなりません。

長基線傾斜計の代表的なものに水管傾斜計があります。水管傾斜計は、チューブでつながれて水に満たされた二つのタンクにフロートを浮かべ、その高さ、つまり水面の高さを計測します（**図 5.2**）。もし地面が傾斜したら、二つのタンクの水面の高さが変化します。たとえば**図 5.2** で地面が右下がりに傾斜したとすると、水が高い方から低い方、すなわち左のタンクから右のタンクに移り、右のタンクの水位が上がり左のタンクの水位が下がります。つまり、タンクの水位を計測することにより二つのタンクの基線方向の傾斜を計測することができます。傾斜変化は水面の高さ変化を基線長で割ったものとして表されますから、基線長が長くなれば長くなるほど感度が上がります。つまり、高感度の水管傾斜計を設置するには長い横穴が必要であるといえます。実際に、多くの水管傾斜計の基線長は数十 m に及びます。なお、水

図 5.2　水管傾斜計の模式図。

図 5.3 縦穴の中に設置された傾斜計の模式図。地表が傾斜すると（右図）傾斜していない状態（左図）と比べておもりの孔内での相対位置が変わる。この図では $\theta_1 < \theta_2$ となる。それを検知して傾斜信号として記録する。

　管傾斜計は基線方向の傾斜しか計測できませんから、傾斜の方向と大きさを知るためには2方向以上での計測が必要となります。

　縦穴に設置する傾斜計にもさまざまな種類がありますが、代表的なものは振り子や微小電気機械システム（Micro Electro Mechanical System；MEMS）による加速度センサーを用いたものです。傾斜計は縦穴の中に設置され、ケーシングは周囲の岩石に固定されます。地面が傾斜すると、ケーシングは周囲の岩石とともに動きますが、センサーは重力を感じているため、センサーとの相対位置が変化します（**図 5.3**）。電気信号によってこの相対位置変化を補正しますが、電気信号の大きさを傾斜の大きさに変換することにより傾斜を計測します。このように、傾斜計は（重力）加速度を感じているため、水平方向の加速度計としても機能します。

　傾斜計は非常に敏感で、よい観測点では 10^{-9} rad もしくはそれ以下の微小な傾斜変化を検知することができます。しかし、敏感であるがゆえに傾斜計はさまざまな要因による傾斜変動を記録し、地殻変動を研究する立場からするとそれらはノイズとなります。たとえば、傾斜計の記録は降水により変動します。降水による荷重が地球を変形させるからです。このような変動は、地殻変動を研究するにあたってはノイズになりますが、たとえば水文学の研究にあたってはシグナルとなります。

　また、傾斜計による計測にあたっては、ケーシングと周囲の岩石とのカップリングが重要になります。ケーシングが周囲の岩石と独立に変動していると正しい計測ができないからです。実際にはケーシングと周囲の岩石を完全

にカップリングさせることは難しく、そのために、長期的には見かけの変動が記録されます。これをドリフトといいます。ドリフトの存在により、傾斜計で数十日を超える時間スケールの変動を計測することは困難です。

傾斜計を用いた地殻変動研究はさまざまな成果が生み出してきましたが、その一つとして、1980–90 年代に伊豆半島東方沖で頻発していた群発地震にともなう地殻変動についてとりあげます。この群発地震は当初原因が明らかではなかったのですが、1989 年に静岡県伊東市から約 2 km の海底で噴火が発生し、火山性のものであることが明確になりました。防災科学技術研究所（当時）の岡田義光らは、光波測量など他の測地データとともに傾斜計のデータを解析し、観測された地殻変動が、マグマが板状の形状（ダイク）で上昇してきたことによるものであることを明らかにしました。

その後、筆者らは、傾斜計・GPS・水準測量のデータを用いて、1997 年伊豆半島東方沖群発地震の発生の際にダイクが上昇したものの、地表までには至らず、つまり噴火には至らず停止する様子を明らかにしました。この研究で最も重要な役割を果たしたのが傾斜計の記録です。活動域から最も近い傾斜計の傾斜方向が活動中に反転し、この反転がダイク（マグマ）上昇の最大の証拠となったのです。**図 5.4** に示すように、貫入したダイクが深いときには、観測点はダイクの方向に向かって傾斜していますが、ダイクが浅くなると、観測点の傾斜方向は反転します。つまり、傾斜方向の反転が、貫入したダイクが浅くなってきているということの証拠になったというわけです。

岡田義光らは、傾斜計の記録をさらに精査し、伊豆半島東方沖群発地震活動が始まる前に傾斜変動が開始していることを発見しました。この観測は、

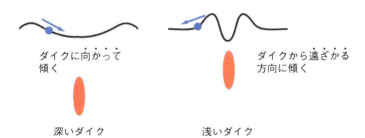

図 5.4 ダイクが深い時には青で示される観測点はダイクの方に傾斜するが、ダイクが浅くなるとダイクから遠ざかる方向に傾斜する。

第 5 章　小さな変形も見逃さない

高温であるために地震を起こすことができない、つまり岩石が「パキッと」割れることができない深さにマグマが貫入していたと解釈されます。その後、地震を起こすことができる深さにマグマが貫入したときに群発地震活動も始まったというわけです。このことは、傾斜計の記録を監視していることによって群発地震の発生をより早く検知することができるということを意味しています。

ひずみ計

ひずみというのは、物体が変形したときに、元の形状に対してどれだけ変形したかを示す値です。ひずみを計測する機械をひずみ計といいます。傾斜計と同じくひずみ計にもさまざまな種類がありますが、大きく分けて横穴に設置する長基線ひずみ計と縦穴に設置するものがあります。地殻変動の観測のためには、傾斜計と同じく少なくとも潮汐を記録できるくらいの感度、すなわち 10^{-8} 程度のひずみを検知できる感度がなくてはなりません。10^{-8} のひずみというのは、1 km 先の点が 0.01 mm 動く変形に相当します。

横穴に設置するひずみ形にはさまざまなものがありますが、主に 2 点間の距離を計測するものです。2 点間の距離が長くなればなるほど高精度の計測ができるようになりますから、長基線ひずみ計の基線長さは時には数百 m を超えることもあります。2 点間の距離の計測はさまざまなものがありますが、最も精度の高いものは、レーザー光を用いるものです。マイケルソン型レーザー干渉計の原理を用いて、二つの経路を通る光の位相差を計測することによって、2 点間の距離変化を精密に計測しています（**図 5.5**）。

縦穴に設置するひずみ計にはさまざまなものがありますが、最もよく使われているのは、サックス-エヴァートソン式と言われる体積ひずみ計です。このひずみ計には円筒状のセンサー部があり、そこには液体が入っています。センサー部が収縮すると液面が上昇し、センサー部が膨張すると液面が下降します。つまり、液面の高さを計測することにより面積ひずみを計測することができます。つまり、体積ひずみ計が実際に測っているのは面積ひずみということになります。サックス-エヴァートソン式の体積ひずみ計はセンサー部の断面積の変化を計測していますが、センサー部の形状の変化を計測するひずみ計もあります。その場合体積ひずみだけでなく、ひずみの各成

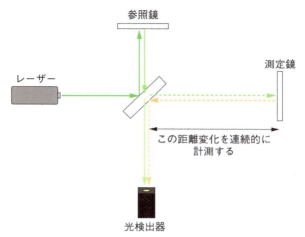

図 5.5 マイケルソン型レーザー干渉計の原理。実線の光路長（時間変化しない）に対する点線（時間変化する）の光路長を計測する。

分を計測することができます。

ひずみ計は傾斜計と同様に非常に敏感で、よい観測点では 10^{-9} rad もしくはそれ以下の微小なひずみ変化を検知することができます。しかし、傾斜計と同じくひずみ計もさまざまな要因による変動を記録します。たとえば、ひずみ計の記録は降水や気温変化により変動します。降水による荷重が地球を変形させますし、温度の変化は周囲の岩石を膨張・収縮させるからです。

また、縦穴に設置するひずみ計による計測にあたっては、傾斜計と同じくケーシングと周囲の岩石とのカップリングが重要になります。ケーシングが周囲の岩石と独立に変動していると正しい計測ができないからです。実際にはケーシングと周囲の岩石を完全にカップリングさせることは難しく、ドリフトが発生します。そのため、ひずみ計で数十日を超える時間スケールの変動を計測することは困難です。

ひずみ計の観測もさまざまな地球科学的成果をもたらしてきました。ここではスロー地震の発見にひずみ計による観測がどう貢献したかについて述べます。第 9 章で解説しますが、蓄積された応力は地震によってのみ解放されるのではなく、地震計には記録されないゆっくりとした変形によっても解放されます。これをスロー地震といいます。スロー地震の存在が明らかになったのはそれほど昔のことではなく 1990 年代のことです。富山大学（当時）の

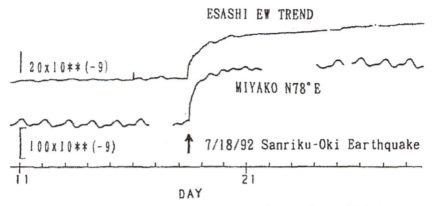

図 5.6 1992年三陸はるか沖地震にともなう江刺（東西成分）および宮古（N78E成分）のひずみ記録。Kawasaki et al. (1995) より。

　川崎一朗らは、1992年三陸はるか沖地震（マグニチュード6.9）の後にゆっくりとした変形が継続し、その大きさはマグニチュード7.5の地震に匹敵することを、ひずみ計の記録から明らかにしました（**図 5.6**）。その後、GPSや地震計の記録からもスロー地震発生の証拠が発見され、現在ではスロー地震のメカニズムを研究することは、地震発生メカニズムの本質に迫る一つの方法であると考えられています。

潮位計

　潮位計とは海面の高さを計測するものです。海とつながれた井戸中の水面の高さを陸上に置かれた検潮儀から計測する方式（**図 5.7a**）や、電波によって海面高を計測する方式（**図 5.7b**）があります。海面変動がないとすると、海岸が隆起した場合には陸上に対する相対的な海面高は低くなり、沈降した場合には相対的な海面高は高くなります。しかし、実際には気候変動による海面変動がありますので、潮位計の記録から地殻変動を抽出するには、気候変動による効果も考慮する必要があります。また、海面高は季節変動や潮汐や波浪による短期的な変動によっても変化しますから、潮位計は長期的な地殻変動しか計測できませんし、精度も水準測量やGNSSよりも悪いです。しかし、潮位計による観測は数十年以上にわたって行われており、長期的な地殻変動を研究するには潮位形の記録は有効です。**図 5.8**に示すよう

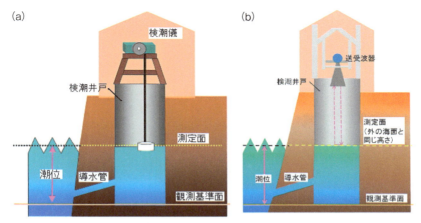

図 5.7 潮位計の模式図。(a) 検潮所の井戸の中に浮きを浮かべて潮位を測るタイプ。(b) 井戸の上にある送受波器から水面に発せられた電波で潮位を測るタイプ。https://www.data.jma.go.jp/gmd/kaiyou/db/tide/knowledge/tide/kansoku.html より。

に、潮位計は1946年南海地震の余効変動を記録しています。震源域に近いところほど早い時期に沈降が隆起に転じていることが分かります。このような観測は、長くても30年ほどしか観測がされていないGNSSによっては不可能なことです。

5.2 重力変化を連続的にとらえる方法

　重力を観測することは地球の内部構造やその動きを知るのに重要です。では、そもそも重力はどのように測るのでしょうか？　重力観測は大きく分けて地上での観測と衛星からの観測の2通りあります。地上の観測にも大きく2通りあります。ある場所との相対的な重力加速度の違いを計測する相対重力観測と重力加速度の絶対値を計測する絶対重力観測です。ここでは、地上での観測について述べていきます。

相対重力観測

　相対重力観測は1930年代から行われている観測手法で、絶対重力観測よりも長い歴史をもっています。バネを用いた相対重力計は持ち運びできます

第 5 章　小さな変形も見逃さない

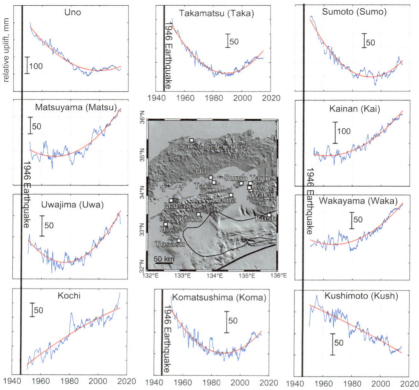

図 5.8　1946 年南海地震後の潮位記録による上下変動観測。Johnson & Tebo (2018) より。

ので（**図 5.9**）、屋外に持ち出して多点で観測することも可能です。バネにおもりをつるすとバネが伸びますが、それはおもりにはたらく重力がバネにはたらくからで、おもりは、おもりにはたらく重力とバネにはたらく弾性力がつり合う長さで静止します。フックの法則により、あるバネの伸びる長さは、おもりの質量が一定の場合重力加速度に比例します。つまり、重力加速度が地球表面の約 1/6 である月面に同じバネとおもりを持っていくと、バネの伸びは約 1/6 になります。このバネの伸びる長さを計測することによって、ある地点に対する相対的な重力加速度を求めます。実際には、ゼロ長バネというバネの長さと弾性力が比例するバネを用いています。現在用いられている相対重力計では 10 μGal（マイクロガル）の精度で重力を計測するこ

5.2 重力変化を連続的にとらえる方法

図 5.9 相対重力計の例。(https://microglacoste.com/product/gphonex-gravimeter/より)

とができます。

相対重力計は、微小な重力変化をバネの長さの変化として観測するために、非常に弱いバネを用いています。そのため、実際に重力値が変化していなくても、バネの見かけののびによって観測される重力値が変化していきます。これをドリフトといいます。ドリフトの量は、バネを用いた相対重力計の場合、数百 µGal に及ぶことがあります。フリーエア補正に用いる重力の鉛直勾配が 308.6 µGal/m ですので、たとえば 100 µGal のドリフトは、約 0.32 m の見かけの鉛直変位に相当します。ですので、このような相対重力計は、数日以上の連続観測に用いることはできません。また、潮汐による重力変化は大きくて数百 µGal 程度ですので、相対重力計を用いると潮汐による重力変化はなんとか見えるという程度です。

相対重力計は、数 µGal 程度以上の重力変化を計測することができます。**図 5.10** は、2000 年三宅島噴火にともなう重力変化の観測例です。山頂付近で大きな重力減少が、西海岸で大きな重力増加が見られます。これは、火山活動にともない山頂直下にあったマグマが西方に移動し、山頂付近の質量が減少して西方の質量が増加したことによるものです。

より精度の高い相対重力を計測するために、1960 年代に超電導重力計が考案されました。超電導重力計は、バネの反発力の代わりに超電導現象の一つであるマイスナー効果（完全反磁性）を用いたものです。超伝導体を電流が流れると超伝導体に磁気浮上力がはたらきますが、この磁気浮上力と重力が

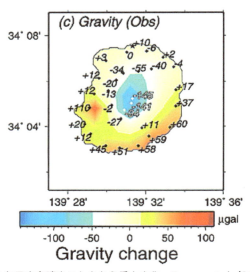

図 5.10 2000 年三宅島噴火にともなう重力変化。Furuya et al. (2003) を改変。

つり合う超伝導体のおもりの位置変化として計測します。超電導重力計は 1 nGal（ナノガル）程度の重力変化を検出することができ、バネを用いた相対重力計よりも 2–3 ケタ高い精度をもちます。1 nGal というのは、1 m 先にある質量 150 g の物質からの引力がもたらす加速度で、いかに小さいかがお分かりでしょう。また、長期安定性にも優れ、ドリフトは 1 日あたり大きくても 0.1 µGal 程度ですので、数ヵ月の連続観測も可能です。しかし、センサー部を極低温に保ったり内部を真空に保つための電力が大量に必要であるため、屋外に持ち出しての多点での観測は不可能です。

図 5.11 は、2003 年十勝沖地震（マグニチュード 8.3）にともない超電導重力計によって観測された重力変化の例です。震源から数百 km 以上離れた観測点の 1 µGal の重力変化もとらえられていることが分かります。また、潮汐による重力変化もきれいに観測することができます。

● 絶対重力観測

ここまで読んできた読者には、なぜある場所に対する相対的な重力値を測るのか、重力の絶対値を測ることはできないのかと思われた方もいるかもしれません。それはもっともな疑問です。なぜなら、重力値を測るのは原理的

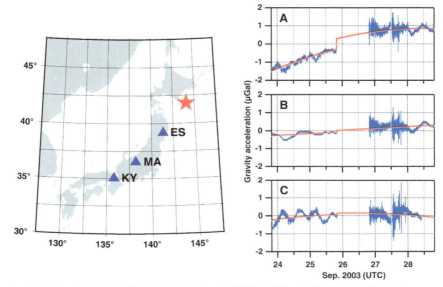

図 5.11 2003 年十勝沖地震にともない超電導重力計により計測された重力変化。（左）十勝沖地震の震央（星）と観測点（三角）。ES, MA, KY はそれぞれ江刺（岩手県）・松代（長野県）・京都を示す。（右）観測された重力変化（青）とモデル計算により期待される重力変化（赤）。上から江刺・松代・京都での観測を示す。Imanishi et al.（2004）より。

には簡単だからです。最初に思いつくことは、物体を自由落下させて移動距離とそれにかかる時間を計測することでしょう。

　ある物質を真空中で自由落下させると、移動距離は落下時間の 2 乗に比例します。重力加速度を 9.8 m/s^2（980 Gal）とすると、真空中で物体を 1 m 自由落下させるのにかかる時間は約 0.45 秒です。では、重力値が 1 mGal（ミリガル）増加して 9.801 m/s^2（980.1 Gal）になったとしましょう。その場合、落下時間は 0.000 02 秒（20 マイクロ秒）短くなります。つまり、1 mGal の重力変化をとらえるためには、物体の落下時間を 20 マイクロ秒以上の精度で計測できなくてはなりません。同様に、1 µGal の重力変化をとらえるためには、物体の落下時間を 0.000 000 03 秒（0.03 マイクロ秒）の精度で計測しなくてはなりません。さらに、物体が落下する際の空気抵抗を除去するために、物体が落下する場所の真空環境も用意しなくてはなりません。それらのことがいかに難しいことかは想像できるでしょう。もし物体の落下距離

が長くなれば、距離の平方根に比例して落下時間の計測精度の制約は緩くなりますが、あまりにも長い落下距離の器材をつくるのは現実的ではないでしょう。

重力加速度の絶対値を求める試みはガリレオ・ガリレイの時代からなされていましたが、本格的な計測が開始されたのは、時計の精度・真空化・電子技術などが十分な水準に達した1950年代からです。とはいえ、当初は10 mGalの精度で計測するのが精一杯でした。その後、技術の進歩により、現在では1 μGalの精度で重力加速度の絶対値を求めることができるようになっています。

重力加速度の絶対値を求める最も一般的な方法は、今も昔も物体を自由落下させてその運動を観測する方法です。現代の絶対重力計では、真空に保たれた環境でコーナーリフレクターと呼ばれる、任意の方向から入射した光を入射した方向に正確に反射させる鏡を自由落下させ、落下距離をレーザーで、落下に要する時間を原子時計で計測し、重力加速度の絶対値を精度よく求めています。絶対重力計は高さ1 m以上あるもので（**図5.12**）、しかも真空槽をつくるなどのために大量の電力が必要なために、持ち運びには不便で

図5.12 FG5の写真。(https://microglacoste.com/product/fg5-x-absolute-gravimeter/より)

す。そのため、現在小型で持ち運びできる絶対重力計の開発が進められています。なお、絶対重力計には、自由落下式のほかに、真空中で鏡を投げ上げる方式の絶対重力計もあります。投げ上げ式の場合、鏡の上昇時と落下時にデータがとれるためにデータ数が2倍になるなどの利点がありますが、投げ上げの際に大きな機械振動をともなうという欠点があります。

絶対重力計を用いて得られた成果は数多くありますが、そのうちの一つとして、2004年浅間山噴火にともなう重力変化を紹介します。この噴火が発生した9月1日の1週間後から、山頂から4km離れた東京大学地震研究所浅間火山観測所で絶対重力計の観測を開始しました。重力値は当初は上昇していきましたが、9月14日以降下降に転じていき、下降に転じた数日後から連続的な噴火が発生しました。この観測事実は、マグマの頭位が上昇を続け、観測点（標高1400m）を越えて山頂（標高2560m）に近づいていったことを示しています。観測点より高い場所のマグマは観測点に上向きの引力をはたらかせますから、重力値は減少する方向に作用するというわけです（**図 5.13**）。9月14日以降も、重力値が減少して数日後に噴火することを繰り返したため、重力値の増減もマグマの頭位の上下によって説明できるといえます。このように、数μGalの重力変化をとらえることにより、火山活動の予測を行うことも可能になったというわけです。

このように、絶対重力計による観測は私たちに多くの知見をもたらしてくれますが、上に述べたように持ち運びに不便であるという欠点があると同時

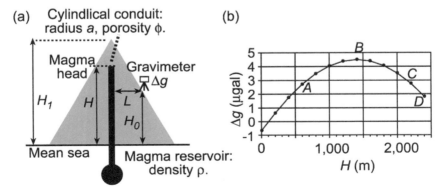

図 5.13 マグマの頭位と中腹の観測点の重力変化の関係。マグマ頭位が観測点の標高を超えると観測される重力が低下し始める。大久保（2005）より。

第 5 章　小さな変形も見逃さない

に、物体を自由落下もしくは投げ上げて測定を行うために、物体が磨耗するという欠点があります。そのために、定期的に重力計の保守作業をする必要があり、長期の連続観測をすることはできません。この問題を解決するために、1990 年代より原子干渉計を用いた重力計（量子重力計）の開発が進められてきました。量子重力計は器材の機械的な損傷はないために長期の連続観測が可能で、現在では 1 μGal の精度で重力加速度を計測されるようになっています。また、器材の小型化が進められ、量子重力計を屋外に持ち出して観測できるようになる日も近いかもしれません。

光格子時計による重力ポテンシャルの観測

　言うまでもありませんが、時計の目的は時間を測ることです。その時計と重力ポテンシャルに何か関係があるのかと思う方もいるかもしれません。しかし、一般相対性理論によると、重力の強い場所では時間がゆっくり進みます。たとえば、GPS システムでは、衛星内部の時計の進み方は、この効果により地上の時計の進み方とは違いますので、衛星内部の時計を補正して地上の時計と進みを合わせています。なお、GPS 衛星の時計には、地上よりも重力が弱い、より正確には重力ポテンシャルが大きいために時計が速く進むという一般相対性理論による効果（5.3×10^{-10}；約 60 年に 1 秒進む）の他に、衛星が高速（約 3.9 km/s）で運動するために時計がゆっくり進むという特殊相対性理論による効果（約 -8.4×10^{-11}；約 380 年に 1 秒遅れる）がはたらきますが、前者のほうが約 6 倍の効果があるため、GPS 衛星内部の時計は地上の時計よりも速く進みます。

　とはいえ、日常生活を送る上で相対性理論の効果を実感することは多くありません。たとえば時速 300 km で移動する新幹線の中での時計の静止している時計に対する遅れは約 3.8×10^{-14}（約 83 万年に 1 秒遅れる）ですし、富士山頂で静止している時計の遅れは約 4.6×10^{-13}（約 7.0 万年に 1 秒遅れる）であり、クォーツ腕時計（3×10^{-7}；1 年に 10 秒ずれる）では計測できませんし、このような極端な例を考えても原子時計の精度（10^{-15}–10^{-11}）と大差ないくらいにしか時計のずれは生じないからです。

　時計の精度が最高でも 10^{-15} 程度であれば、相対性理論の効果の時間の流れの違いを計測することはあまり現実的ではありません。しかし、近年

48

10^{-18}（約 320 億年に 1 秒ずれる）の精度をもつ光格子時計が開発され、時間の流れの相対性理論の効果を計測することができるようになりました。地球が誕生してから約 46 億年、宇宙が誕生してから約 138 億年ですから、この精度がいかにとてつもないものであるかが分かるでしょう。

　原子は特定周波数の光を吸収・放出します。この光を特定して時間の基本単位を定義することができます。具体的には、原子から電子を一つ剝ぎ取ったイオンの共鳴周波数を計測します。光は電波よりも周波数が高いので、光による時計は電波時計よりも精度が高くなります。この計測を短時間かつ高精度で可能にする光格子時計が香取秀俊により開発され、時刻を 10^{-18} の精度で計測することが可能になりました。開発された光格子時計は、東京スカイツリーの地上と地上 450 m の展望台の時間の流れの違いを計測することに成功しました。

　10^{-18} の精度というのは、10 mm の高さの違いを計測することができることに相当します。第 6 章でふれる GPS をはじめとした全地球衛星測位システム（GNSS；Global Navigation Satellite System）による計測は、24 時間連続観測をして観測点の高さを 7–8 mm 程度の精度で計測することができますが、光格子時計は現時点で数時間の観測で 10 mm の精度で高さを計測することができます。また、GNSS の観測では大気や電離圏による電波の屈折の影響を受けますが、光格子時計にはそのような影響はありません。そのため、光格子時計と GNSS の並行観測によって、観測点の高さの精度をより高めることも可能でしょう。将来、高さを長さの単位ではなく時間の単位で計測する時代が来るかもしれません。

第6章

測地学を変えた計測技術
衛星測地の原理と地表変形の観測

　ここまで述べたように、地上での地殻変動や重力の観測はさまざまな発見をもたらしましたが、地上での観測にはコストや労力がかかります。そのため、1990 年代頃から衛星測地技術が地殻変動観測の主力になり、高い時間・空間分解能での観測が可能になりました。ここでは、さまざまな種類の衛星測地技術や衛星重力ミッション（**図 6.1**）について紹介します。

6.1　超長基線電波干渉法（VLBI）

　VLBI は、地球から数億光年以上離れた準星や活動銀河などの天体から発せられる強い電波を観測し、その電波源の大きさを求めるために 1960 年代に開発されました。日本では、電波研究所（現・情報通信研究機構）が茨城県鹿島町（現・鹿嶋市）に設置した 30 m パラボラアンテナを用いて 1966 年

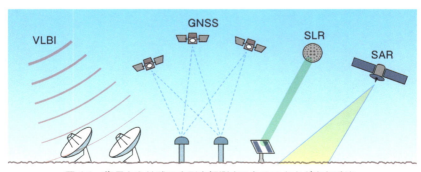

図 6.1　衛星から地球の変形を観測するためのさまざまな手法。

に観測を開始しました。なお、このパラボラアンテナは1964年東京オリンピックでの国際衛星中継に備えて前年に建設されたものです。VLBIは巨大ブラックホールとその影の撮影の成功（2019年）に大きく貢献し、2020年ノーベル物理学賞へと結びつきました。また、VLBIは世界各地で光格子時計を同期させるのにも用いることができることが分かりました。このことは、現在セシウム原子の共鳴周波数（約9.2 GHz）を基準とする1秒の定義を、より高い周波数をもつ光の周波数（400–500 THz）を基準としてより高精度なものとする「秒の再定義」への大きな一歩となります。

　VLBIは、もともと準星や活動銀河などの天体の構造を明らかにするために開発されたものですが、1970年代から80年代にかけての信号処理技術や地上局の時計の精度の向上により、VLBI地上局の位置を数mmの精度で決めることができるようになり、測地学への応用が可能になりました。VLBIによって観測局間の距離を計測する原理を図6.2に示します。二つの観測局は共通の電波源からの電波を受信しています。強い電波を発する天体は数億光年以上離れていますから、入射する電波は平面波であると近似できます。天体から二つの観測局までの距離は必ずしも等しくはありませんから、天体からの電波は二つの観測局に異なる時刻に入射します。観測された電波そのものは雑音ですが、二つの観測局には同じ信号が入射しますから、二つの観測点で観測された信号の時間をずらすことによって、原理的には同じ信号を

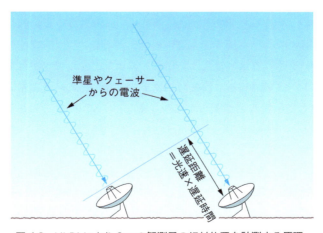

図 6.2　VLBIにより2つの観測局の相対位置を計測する原理。

再現することができます。このずらした時間の大きさが二つの観測点で受信する信号の走時差です。数学の言葉では、2観測点で受信する信号の相互相関が最大になる遅延時間が走時差であるということになります。電波源の方向が分かっていれば、この走時差を2点間の距離に変換することができます。原理を知れば、2観測局で時計が同期していること、つまり2観測点での時計の精度が高い必要があること、また高い信号処理技術によって遅延時間を精度よく測る必要があることが重要であることが分かるでしょう。

　共通の電波源を見つけることができれば、VLBIは長距離の観測点間の距離を計測することができます。1986年、ハーバード・スミソニアン天体物理学センター（当時）のトーマス・ヘリングらは、異なるプレート上にあるVLBI観測局の距離変化からプレート運動を検出しました。その精度は数年間の観測を行うと1年あたり数mmほどで、プレートテクトニクス理論による過去数百万年のプレート運動の平均速度ともよく一致していました。翌年、電波研究所（当時）の日置幸介らは、VLBIによる観測により、鹿島町とクエゼリン島（マーシャル諸島）の距離が年約80mm、鹿島町とカウアイ島（米国ハワイ州）の距離が年約40mmの速さで縮んでいることを明らかにしました。これは、1960年代から急速に発展していたプレートテクトニクスにより予想される値と類似しています。プレートテクトニクス理論により予想される過去数百万年のプレート運動の平均速度と、1年間の計測によるプレート運動が類似しているということは、現在のプレート運動が数百万年間継続しているということであり、大変興味深いことです。その後の観測により、正確には、プレート境界から遠い場所にあるクエゼリン島やカウアイ島はプレートテクトニクス理論による予想とほぼ同じ速度で運動しているのに対して、プレート境界に近い鹿島町はプレート境界での応力蓄積の影響を受けた運動をしていることが明らかになりました。VLBIやこの後述べる衛星レーザー測距（Satellite Laser Ranging；SLR）によるプレート運動の実測は、地球が動いているという動かぬ証拠となったわけです。

　VLBIは、はるか遠いところにある電波源を基準とした観測ですから、宇宙空間中の地球の姿勢、すなわち地球の自転速度の時間変化や回転軸の北極に対する位置の時間変化（極運動）、自転軸（地軸）の宇宙空間中での姿勢（歳差・章動）を知ることができます。詳しくは第8章で解説します。生活に

関係したところでは、地球の自転速度の観測により国際地球回転・基準系事業（International Earth Rotation and Reference System Service；IERS）がうるう秒を挿入するタイミングを決定します。1972年から2017年までに27回のうるう秒が挿入されました。

このように、VLBIは測地学の発展に多大な貢献をしてきました。VLBIは宇宙空間中の地球の姿勢を知ることができる唯一の計測方法ですから、現在でも多大な貢献をしています。ただ、VLBIの観測局には数十mの大きさのパラボラアンテナが必要で（**図6.3**）、観測局設置には多大な費用がかかりま

図6.3 国土地理院石岡VLBI観測局（茨城県石岡市）。（筆者撮影）

す。そのため、地殻変動観測においては、現在ではより安価で同等の精度が得られる全地球衛星測位システム（GNSS）にとって代わられています。

6.2 衛星レーザー測距（SLR）

　SLRは、もともとは人工衛星の位置を正確に決める技術で、1960年代に技術開発がなされ、日本では1970年代に実験が開始されました。SLRは地球上にある観測局から専用の人工衛星に向かってレーザー光を照射し、反射して観測局に戻ってくるレーザー光を観測し、観測局から人工衛星までの往復走時を計測することにより観測局と人工衛星までの距離を計測します（**図6.4**）。どの方向からきたレーザー光も観測局に反射させるため、専用の衛星は球形をしています。SLRは光を用いるため、晴天時でないと観測ができないものの、光を用いるために電離圏の影響を受けにくいこと、大気の影響を補正することがVLBIやGNSSなど電波を用いる技術よりも容易であること、発信局と受信局が同じであるために高精度の時計を用意する必要がないこと、などの利点があります。なお、GNSS衛星にも反射鏡が搭載されており、SLRによる衛星の位置の計測が行われています。1969年から1973年にかけて月にも反射鏡が設置され、地球と月との間の距離がSLRによって計測されています。なお、地球と月との間の距離は、現在年間約38 mmの割合

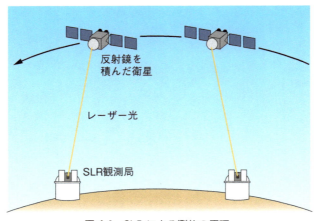

図 6.4　SLRによる測位の原理。

で遠ざかっています。

人工衛星は地球からの重力を受けて地球の周囲を回っていますから、人工衛星の位置を知ることによって地球内部の質量分布を知ることができます。第7章で取り上げる GRACE や GOCE といった衛星は数百 km 程度の短い空間スケールの質量異常を検出することができますが、SLR は長い空間スケールの質量異常、たとえば地球の重心の位置変化や J_2 項と呼ばれる遠心力による赤道付近の張り出しに関連した成分を知ることができます。詳しくは第8章で解説します。

このように、SLR は本来人工衛星の位置を正確に決める技術なのですが、ではどうして SLR から観測局の位置を正確に知ることができるのでしょうか？　たとえば観測局と SLR 衛星が一つずつだけあるとすると、観測量は観測局と衛星までの距離の一つ、未知数は観測局と衛星の座標の各三つですから、合計六つになり、未知数の数のほうが観測量の数より多いので座標を決めることはできません。しかし、観測局や衛星の数が多くなると、未知数の数は観測局と衛星の和の3倍になるのに対して、観測量の数は理想的には観測局と衛星の数の積になります。そのため、十分な数の観測局と衛星があれば、観測量の数のほうが未知数の数よりも多くなりますので座標を決めることができます。実際には、太陽や月からの引力が衛星に及ぼす効果、潮汐や季節変動にともない地球の重力場が時間変動する効果、レーザー光が大気により屈折する効果、などさまざまな効果を考慮に入れて観測局の座標を求めています。その結果、SLR では観測局の座標を mm の精度で求めることができます。

地球上のプレート運動を最初に実測したのは SLR でした。1985年、NASA ゴダード宇宙飛行センター（当時）の D. C. Christodoulidis らは 1979 年から 1982 年にかけての観測を整理してプレート運動の速度を求めました。その結果は、プレートテクトニクス理論から予測される運動と食い違う部分もありましたがおおむね調和的でした。この先駆的な結果は、その後 VLBI や GPS による測定へと引き継がれていきました。

SLR による観測は、地球の重心の位置変化や長波長の形状（重力場）を精密に求めるのに最も優れた手法ですので、現在でも大きな貢献をしています。ただ、SLR 地上局は、数千 km 離れた衛星まで往復する光を計測するた

図 6.5 レーザー光を発射する海上保安庁下里水路観測所の望遠鏡。(https://www1.kaiho.mlit.go.jp/saiyo/yougo/topic12.html より転載)

めの大出力のレーザー発信器、衛星から戻ってきた弱い信号を検出するための大型望遠鏡、などの設備が必要となり、地上局は大型なものになり、かつコストもかかります（**図 6.5**）。そのため、地殻変動観測という目的においては、VLBI と同じく、より安価で十分な精度が得られる GNSS に取って代わられています。

6.3 人工衛星を用いた測量：全地球衛星測位システム（GNSS）

　筆者が初めて GPS に触れたのは 1995 年の頃です。当時大学 4 年生だった筆者は、衛星技術により自分の位置が数 mm の精度が分かることに驚嘆しましたが、今のように GPS が当たり前のものになる世の中は想像もしていませんでした。現在、GPS をはじめとした GNSS は、私たちの生活にも深く入り込んでいます。たとえば、今や多くの車に備え付けられているカーナビゲーションシステム（カーナビ）は GNSS を用いて車の位置を決定しています。また、多くの人がもっているスマートフォンにも GNSS が搭載され、自分の位置を知ることができます。カーナビやスマートフォンでの位置決定精度は数 m 程度ですが、実はこれらは GNSS のもつ機能を全て使っていません。測地学の研究者は、カーナビやスマートフォンとは少し異なる方法で観測点の位置を数 mm の精度で決定しています。GNSS により計測は VLBI や

SLR による計測よりも安価であるため、1990 年代より観測点数が爆発的に増加し、今や地殻変動観測の主力の一つとなっています。日本列島には国土地理院により約 1300 点の GNSS 観測点が約 15-20 km 間隔で設置されているのをはじめ、世界には何千もの GNSS 観測点があります。ここでは GNSS の観測の原理について解説します。GNSS により分かる地殻変動は多岐にわたるため、後半の章で個別に紹介します。

GNSS 観測の歴史

衛星による測位のアイデアは、約 20 年にもわたった戦闘の末に 1975 年に終結したベトナム戦争からの教訓から出てきました。ベトナム戦争での米軍の犠牲は甚大なものでしたが、その多くがベトナムのジャングルの中で自分の位置を見失ったことによるものでした。そのことから、いつでも手軽に自分の位置を知ることができるシステムの必要が認識され、全地球測位システム（Global Positioning System；GPS）が開発されました。最初の GPS 衛星は 1978 年に打ち上げられました。現在では 34 機の GPS 衛星が運用されています。

GPS と並行してソビエト連邦でも GLONASS という衛星測位システムが開発されてきました。当初 1990 年代初頭には全世界で測位を開始する計画でしたが、ロシア経済の崩壊などにともない開発は遅れ、2011 年に全世界で利用が可能になりました。その他に、欧州連合が Galileo を 2016 年から、中華人民共和国が北斗（BeiDou）を 2000 年から地域を限定して、2012 年から全世界で運用しています。これらのシステムをまとめて GNSS といいます。

日本では日本およびアジア太平洋地域で利用可能な準天頂衛星システムみちびき（Quasi-Zenith Satellite System；QZSS）を 2018 年より運用しています。インドではインド周辺で利用可能なインド地域航法衛星システム（Navigation Indian Constellation；NavIC）を 2013 年より運用しています。これらの衛星システムは全世界ではなく、ある特定の地域での利用を目指しているために RNSS（Regional Navigation Satellite System）と呼ばれ、GNSS とは区別されています。

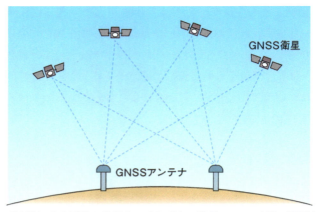

図 6.6 GNSS による測位の仕組み。それぞれの衛星−アンテナ間の距離を計測することにより、GNSS アンテナの座標を精度良く求める。

測位の原理

　GNSS や RNSS など衛星測位システムでは、衛星からマイクロ波を照射し、地上のアンテナで受信しています。マイクロ波の波長は衛星システムによって異なりますがおおむね 200 mm 前後で、雲などを通り抜けることができます。したがって、天気や昼夜に関係なく観測が可能です。衛星には高精度の原子時計が搭載されており、また、地上からの SLR 観測などにより衛星位置は高精度で決定されています。地上のアンテナでは衛星からの信号を受信し、衛星との距離を測定しています（**図 6.6**）。地上の受信機には衛星に搭載されているような高価な原子時計は搭載されていません。そのことによって受信機のコストを抑えることができます。したがって、衛星測位システムによる測位の際の未知数は、観測点の位置の 3 成分に加え、受信機の時計の誤差も未知数になり、未知数の数は合計四つになります。そのため、これらの未知数を全て決定するためには最低四つの観測、つまり四つの観測量が必要となります。言い換えると、GNSS によってある観測点の座標を決定するためには最低四つの衛星からの信号を受信する必要がある、ということになります。

　世界のどこからでも常に四つ以上の衛星が見えるためには、24 個以上の衛星を打ち上げる必要があります。GPS と北斗はすでにそれぞれ 24 個以上の衛星を打ち上げており、他の衛星システムの助けを借りずに世界のどこでも

6.3 人工衛星を用いた測量：全地球衛星測位システム（GNSS）

測位を行うことができます。GLONASS は現在 21 個の衛星が運用されており、地球上の 97 ％の場所からの測位が可能になっています。近年の受信機は複数の衛星の信号を受信して測位を行うことができるものが主流です。

位相測位とコード測位

測位の詳細はそれぞれの衛星システムにより異なります。たとえば、GLONASS ではそれぞれの衛星から照射されるマイクロ波の周波数が異なっていて、周波数の違いによって異なる衛星から照射されたマイクロ波を識別していますが、GPS ではそれぞれの衛星から照射されるマイクロ波の周波数は同じです。ここでは、最も広く使われている GPS について測位の詳細を解説します。

GPS 衛星は、軌道傾斜角 55 度、周期約 12 時間で上空約 20,200 km を周回しています。GPS 衛星には六つの軌道面があり、それぞれの軌道面に最低四つの衛星が配置されています。GPS 衛星からは L1（1.575 42 GHz）・L2（1.227 60 GHz）・L3（1.381 05 GHz）・L4（1.379 91 GHz）の四つの周波数をもつマイクロ波が照射され、そのうち L1 と L2 を測位に用いています。L3 は核爆発探知の用途に、L4 は電離圏の情報を取得するために用いています。2009 年以降に打ち上げられた衛星から、この他に L5（1.176 45 GHz）も照射されており、これも測位に用いられています。

後に述べるように、GPS による誤差の一つに電離圏によって電波が屈折し、見かけ上伝搬速度が低下することによる効果がありますが、電離圏による擾乱は周波数依存性がありますので、複数の周波数の電波を用いることにより、この影響を除去することができます。カーナビやスマートフォンに搭載されている GPS は L1 しか受信できませんので、電離圏の擾乱が測位の誤差源になります。また 2010 年代より使われるようになった携帯電話の LTE（Long Term Evolution）には 1.5 GHz 帯を用いるものがあり、GPS との干渉が問題になりましたが、現在では LTE 信号をカットするフィルタを備えたアンテナが利用できます。

それぞれの GPS 衛星は、上で述べたマイクロ波のほかに C/A（Clear/Acquisition）コードと P（Precise）コードの二つのコードを送信しています。L1 信号には C/A コードと P コードが、L2 信号には P コードが重畳して

います。C/A コードは民間用に使用できるもので、1.023 MHz の周波数で 1
もしくは−1 の乱数が続く信号です。1,023 個、つまり 0.1 秒ごとに同じパ
ターンが繰り返されます。P コードは 10.23 MHz の周波数で 1 もしくは−1
の乱数が続きます。このパターンは 1 週間ごとに繰り返します。通常の運用
状態では、P コードは暗号化されて Y コードとなり、有効な暗号解読鍵がな
ければ解読できません。

　地殻変動研究などに用いる精密測位では正弦波の位相を用いていますが、
カーナビやスマートフォンは位相を用いておらずコードだけを用いていま
す。つまり、L1 の 1.575 42 GHz ではなく C/A コードの 1.023 MHz の信号を
用いて測位をしているということに相当します。1.023 MHz の電波の波長は
約 300 m ですから、カーナビやスマートフォンによる測位の精度は波長の 1/
100 として約 3 m です。GPS 信号の位相を用いているかどうかというのが、
カーナビやスマートフォンによる測位と精密測位の最大の違いです。

静止測位とキネマティック測位

　地殻変動観測では秒・分単位の時間分解能が必要ない代わりに高精度な測
位が必要な場合が多くあります。たとえば、地震間の応力蓄積やプレート運
動を観測する場合がそれにあたります。その場合は、1 日に一つの座標値が
得られれば十分ですので、1 日の間の座標値は不動と仮定してデータ解析を
行います。その場合、一つの座標値を求めるのに使えるデータの数が増えま
すので測位の精度が上がります。これを静止測位といいます。静止測位の場
合、衛星からの電波の位相を用いれば水平成分は 1-3 mm、鉛直成分は 5-
8 mm の精度で観測点の座標が求まります。

　これに対して、データを取得するごとに観測点の座標を求める手法をキネ
マティック測位といいます。カーナビやスマートフォンによる測位はキネマ
ティック測位といえます。キネマティック測位は静止測位よりも精度が劣り
ますが、それでも衛星からの電波の位相を用いれば 10 mm から数十 mm の
精度で座標を求めることができます。

　なお、毎回の観測ごとに座標を求めるわけではないけれど 1 日に一つ以上
の座標を求める（たとえば 10 分ごとなど）場合は高速静止測位と呼び、座標
の決定精度は静止測位とキネマティック測位の中間になります。

6.4 人工衛星を用いた測量：合成開口レーダー（SAR）

1993年7月8日号の *Nature* 誌の表紙（**図6.7**）は世界に衝撃を与えました。Image of an earthquake（地震の絵）と題されたその表紙は、色彩の美しさもさることながら、観測点を地上に設置することなくただ衛星が回帰するのを待っているだけで大地震（1992年ランダース地震（米国カリフォルニア州；マグニチュード7.3））にともなう地殻変動を、地上観測では不可能な空間分解能で計測できるということを如実に示していました。また、**図6.7**は合成開口レーダー（Synthetic Aperture Radar；SAR）は陸上で地震が発生する限り常に震源の直上で地殻変動を計測できること、急峻な地形など危険をともない地上での観測が困難なことのある火山地域でも地上の状況にかかわらず地殻変動観測を行うことができること、を示しています。それ以来、SARによる地殻変動観測は、GNSSによる地殻変動観測と並んで、地殻変動観測の主力であり続けています。SARで見える地殻変動は今や多岐にわたるので、ここではSARで地殻変動が観測できる原理について主に解説し、観測される地殻変動については後半の章で個別に解説します。なお、**図6.7**（干渉画像といいます）をどのように見るのか、今は分からなくて構い

図6.7 Nature誌1993年7月8日の表紙。

ません。色が目まぐるしく変わっているところが変動の大きい（実際には変動の空間勾配が大きい）と理解してくだされば今のところは十分です。この節の後半で干渉画像の読み方について説明します。

● SAR の歴史

　SAR が搭載された最初の人工衛星は、1978 年に NASA によって打ち上げられた SeaSat です。この衛星は名前の通り、主に海洋観測を目的としたものでした。1990 年に入り、欧州宇宙機関（European Space Agency；ESA）により ERS-1（1992–1996 年）、ERS-2（1995–2011 年）が、カナダ宇宙庁（Canadian Space Agency；CSA）により RADARSAT-1（1995–2013 年）が打ち上げられました。さらに、宇宙開発事業団（現 JAXA の前身の一つ）により JERS-1（ふよう1号；1992–1998 年）が打ち上げられました。ERS-1、ERS-2、RADARSAT-1 が採用した C バンド（波長 56 mm）に対して、JERS-1 が採用した L バンド（波長 236 mm）は、波長が長いために植生を通り抜けることができるために日本列島のような植生の濃い地域でも地殻変動観測が可能であるという大きな利点があり、1995 年兵庫県南部地震（マグニチュード 6.9）による地殻変動（**図 6.8**）などさまざまな成果をもたらしましたが、残念ながら 1998 年に運用を停止しました。ちなみに、筆者が初めて

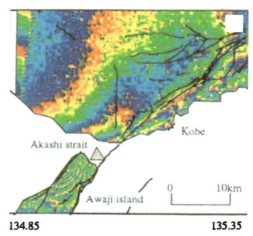

図 6.8　JERS-1 衛星によって観測された 1995 年兵庫県南部地震にともなう地殻変動。Ozawa et al.（1997）を一部改変。

SARに触れたのは大学4年生の頃に兵庫県南部地震の地殻変動の解析風景を見せてもらったときです。そのときには、ものすごい技術があるものだと衝撃を受けたのを今でも鮮明に覚えています。

このような背景があり、1990年代後半から2000年代前半にかけて、世界ではSARを用いた地殻変動の研究者が急増しましたが、日本ではあまり盛り上がっていませんでした。その原因の一つは1998年にJERS-1が運用を停止したことで、日本のような植生の濃い地域でも地殻変動を計測できるLバンドのマイクロ波を照射するSAR衛星がなくなってしまったことです。その意味で、2006年のALOS（2006-2011年）の運用開始は多くの関係者が待ちわびていたものでした。その他にも、2000年代にはCバンドSARを搭載したEnvisat（2002-2011年）やRADARSAT-2（2007年-現在）がそれぞれESAとCSAによって打ち上げられ、さらに、Cバンドよりも短い波長をもつXバンド（波長28 mm）のSARを搭載したTerraSAR-X（2007年-現在）やCOSMO-SkyMedがそれぞれドイツ航空宇宙センターとイタリア宇宙機関によって打ち上げられました。短波長のSARは植生を通り抜けることができませんが、植生のない都市部や砂漠においては空間分解能の高い計測が行えるという利点があります。

ALOSはさまざまな成果をもたらしましたが、2011年に運用を停止し、再びLバンドSARのない時代が始まりました。しかし、JAXAが2014年にALOS-2（2014年-現在）を打ち上げることにより、LバンドSARのない時代は終わりました。さらに2018年にはアルゼンチン宇宙活動委員会によりLバンドSARのSAOCOM（2018年-現在）が打ち上げられました。2022年には中国科学院によりLバンドSARのLuTan-1（2022年-現在）が打ち上げられました。向こう数年のうちにJAXAによるALOS-4、NASAとインド宇宙機関によるNISARとLバンドSARの打ち上げが続きます。なお、NISARには波長100 mmのSバンドのSARも搭載されます。さらに、ESAは2014年にCバンドSARを搭載したSentinel-1（2014-現在）を打ち上げました。この衛星のデータは無料で誰でも利用できることもあり、Sentinel-1は現在世界で最も使われているSARデータであるといえます。2024年に打ち上げ予定のNISARもデータを全て無料で利用できるようにする予定であり、データのオープン化の流れは今後進んでいくでしょう。

第 6 章　測地学を変えた計測技術

　このように、SAR 衛星の数やデータ量はこの 10 年で加速度的に増えています。数年後には、地球上の陸域のどこでも数日に一度の割合で地殻変動が求められる時代になっているでしょう。

SAR の原理

　SAR すなわち合成開口レーダーは文字通りレーダーなわけですが、ではそもそもレーダーとは何でしょうか？　レーダー（radar）というのは Radio Detection and Ranging を略した造語で、電波で距離を測る技術のことをいいます。合成開口レーダーは電波の中でもマイクロ波と呼ばれる帯域、とりわけ X バンド（波長 25–38 mm）・C バンド（波長 38–75 mm）・S バンド（波長 75–150 mm）・L バンド（波長 200–600 mm）の帯域を用います。この帯域の電波を用いる最大の利点は雲や雨滴を透過するということで、天気や昼夜の別と無関係に観測を行えるという点にあります。光学衛星による観測ですと、夜や曇りの日には地面が見えないので観測ができません。

　SAR 衛星は高度 600–800 km の極軌道（北極と南極の上空を通る軌道）を周回していて、100 分程度で地球を一周しています。地球は自転しているので、地球を一周すると地球上の異なる点の上空に戻ってきます。そのため、長くとも数日のうちに地球全域を撮像することができます。

　SAR 衛星は、0.5–1 ミリ秒に 1 回（1000–2000 Hz）0.02–0.04 ミリ秒程度の長さのマイクロ波のパルスを入射角 20–50 度（鉛直下向きが 0 度）で照射し、地表で多重反射した波を受信しています（**図 6.9**）。どうして真下ではなく斜め下向きにマイクロ波を照射するのかと不思議に思う人もいるかもしれません。SAR は衛星と地面との視線距離を計測する技術ですから、真下にマイクロ波を照射すると右側と左側に視線距離が同じ点ができてしまい、それらの点の識別ができなくなってしまいます（**図 6.9**）。そのため、SAR は斜め下向きにマイクロ波を照射するのです。

　図 6.10 に東京湾周辺を撮像した強度画像を示します。一見単なる白黒写真に見えますが、昼夜の別や雲の有無などに関係なくいつでも撮像できるマイクロ波でなければ作成不可能な画像です。**図 6.10** をよく見ると、東京湾上に浮かぶ川崎人工島や海ほたるなどの小さい島もはっきり見えることが分かります。白いところが反射強度の強いところ、黒いところが弱いところを

6.4 人工衛星を用いた測量：合成開口レーダー（SAR）

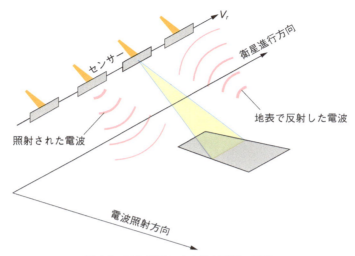

図 6.9 SAR 衛星による地表計測の原理。

図 6.10 ALOS-2 衛星により撮像された東京湾周辺の SAR 強度画像。地表から反射してくる電波の強度を示す。白い部分が高強度、黒い部分が低強度であることを表す。

65

示しています。東京湾などの水面では反射強度が弱く（黒っぽく）なっています。これは水面が平らなために入射した電波のほとんどが前方に反射してしまうためです。陸上でも地表面が滑らかな空港などでは反射強度が弱くなります。それに対して、都市部では反射強度が強く（白っぽく）なっています。これは、都市部には建造物がたくさんあるために、入射したマイクロ波のうち建造物などで多重反射して衛星に戻っていく成分が多いためです。このことは、SARで地殻変動を得られるのは陸域だけであるということを示しています。

　合成開口レーダーはなぜ「合成」と名がつくのでしょうか？　一般的なレーダー、すなわち実開口レーダーの分解能は、マイクロ波の波長を λ、衛星からターゲットまでの距離を R、アンテナの大きさを L とすると $R\lambda/L$ となり、人工衛星に搭載された SAR の場合数 km から 10 km 程度になり、これでは地上を撮像するには分解能が悪すぎます。SARの場合、衛星が動いているということを利用して分解能を向上させています。SAR衛星から照射される電波は、**図6.9** に示すように実開口レーダーの分解能に相当する広がりをもっています。そのため、衛星が移動する間、地上のある点は一定時間見られ続けることになります。そのため、衛星が動くことにより地上のある点をあたかも巨大な実開口レーダーで見られているかのような画像が出来上がります。この場合、衛星進行方向の分解能は $L/2$、つまりアンテナの開口長さの半分になりますので、数 m の分解能が得られるということになります。衛星が動きながら対象物を撮像するというのが SAR の最も重要な特徴で「合成」開口レーダーと呼ばれるゆえんです。つまり、ある時刻に撮像して得られた情報から高分解能の画像を「合成」しているということです。

● SAR 干渉解析（InSAR）の原理

　図6.7 や **図6.8** のような干渉画像を得るためには、2枚の SLC 画像を干渉させなくてはなりません。これを SAR 干渉解析（SAR interferometry；InSAR）といいます。その本質をつかむためにはヤングの実験を考えると分かりやすいです。ヤングの実験とは、19 世紀初頭に英国の物理学者であるトーマス・ヤングが行った実験で、光の波動性、つまり干渉性を示すための実験です。**図6.11a** に示すように、二つの穴 S_1 および S_2 を通った光は点 P

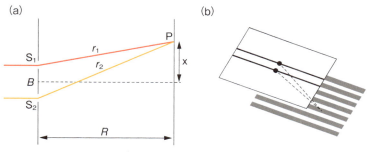

図 6.11 ヤングの実験から考える SAR 干渉解析の原理。

を含む穴にぶつかります。S_1P 間の距離と S_2P 間の距離の距離が光の波長の整数倍であれば光は強め合いますが、半整数倍であれば光は弱まります。そのために、壁には縞模様ができます。

InSAR をヤングの実験の文脈で理解するため**図 6.11a** を**図 6.11b** のように 3 次元にしてみましょう。黒線が二つの時刻の衛星軌道を表します。この場合は、**図 6.11a** の壁が**図 6.11b** の地表に相当しますが、もし地表が平だとすると**図 6.11b** のように直線的な縞模様（干渉縞）ができます。なお、干渉縞の間隔は、**図 6.11a** では S_1 と S_2 の距離、**図 6.11b** では軌道間距離とおおむね反比例します。つまり、二つの時刻の衛星軌道が離れすぎていると干渉縞の間隔が SAR の空間分解能より短くなってしまい、地殻変動を計測できなくなってしまいます。

図 6.11b では地表が平らだと仮定しましたが、実際の地球には地形の起伏があります。そのため、得られる縞模様は平行ではなく、地形に応じたゆがんだ形になります。しかし、地形は、日本列島であれば国土地理院による 5 m もしくは 10 m 分解能の数値標高モデルがあり、また、北緯 60 度から南緯 60 度までの範囲であればスペースシャトルによって撮像された分解能 1 秒（約 30 m）の数値標高モデルが利用できるため、地形による干渉画像の補正は簡単にできます。その他に、二つの撮像時刻の間に地殻変動が発生していたら、それにともなう変動が記録されます。

図 6.12 に、InSAR によって地殻変動を抽出する過程をまとめます。2 枚の画像を干渉させたものは、地殻変動の他に軌道によるものと地形によるものが含まれています。軌道と地形による干渉縞を補正して地殻変動による干

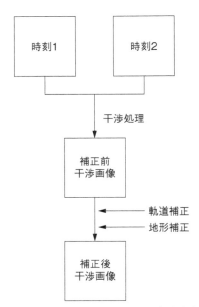

図 6.12 2 枚の SAR 画像から InSAR により地殻変動を抽出する過程。

渉縞を抽出します。ここまでの議論で明らかなように、仮に二つの時刻で衛星が全く同じ軌道を通ったとしたら、軌道による干渉縞も地形による干渉縞も発生せず地殻変動による干渉縞だけが生じるので、補正の必要はなくなります。

ここまでは InSAR により地殻変動を抽出するという立場から解説してきましたが、地殻変動ではなく地形を抽出し数値標高モデルを作成するという立場もありえます。そもそも InSAR が最初に行われたのは数値標高モデル作成のためだったのです。数値標高モデルを作成したい場合、二つの観測時刻の間に地殻変動は発生していないと仮定します。その場合、二つの時刻の衛星軌道が異なる効果を補正すれば地形による干渉縞だけが残ります。衛星の軌道間距離が長いほど干渉縞の形が地形に敏感になりますので、InSAR によって地形を計測したい場合には軌道間距離は長いほうがよいのです。しかし、軌道間距離が長すぎると上に述べたように干渉縞の間隔が空間分解能より短くなってしまいますので、軌道間距離は長すぎてもいけません。**図 6.13** に InSAR により計測されたエトナ火山（イタリア）の地形を示します。

6.4 人工衛星を用いた測量：合成開口レーダー（SAR）

図 6.13 InSAR により計測されたエトナ火山の地形。Massonet & Feigl (1998) より。

2000 年には NASA により打ち上げられたスペースシャトルに搭載された SAR により北緯 60 度から南緯 60 度までのデジタル標高モデル（Digital Elevation Model；DEM）が作成されました。また、DLR により 2010 年に打ち上げられた TanDEM-X は軌道を少しずらした 2 台の SAR 衛星により DEM を作成し、火山活動による地形の変化などを抽出するのに貢献しています。この 2 台の衛星は同じ場所をほとんど時間差なく撮像しますので、地殻変動の影響を考慮する必要がなく DEM を作成できるというわけです。

実は、InSAR によって地形が計測されたのは地球ではありません。1970 年代初めに金星や月の地形を計測するのに InSAR が用いられたのが最初です。地球では、1970 年代半ばに衛星ではなく航空機に搭載された SAR で地形を計測したのが最初です。

第 6 章　測地学を変えた計測技術

位相アンラッピング

　この節の最初に、**図 6.7** や **図 6.8** の見方はあとで説明すると述べました。ここで、この縞模様をどうやって見ればよいか解説しましょう。InSAR によって得られる観測量は、衛星から地面までの視線距離の変化を電波の波長で割った余りです。**図 6.7** や **図 6.8** で同じ色になっているところは、視線距離の変化を電波の波長で割った余りが同じだということです。これをラップされた状態といいますが、これを実際の視線距離に変換するためには、波長の半分の整数倍の不確定性を取り除かなくてはなりません。この作業を位相アンラッピングといいます。位相アンラッピングは、位相が空間的に連続である、つまり視線距離の変化が空間的に連続であるという仮定を用いることが多いです。大雑把に言えば、変動域の外側に基準点を置き、その基準点に対する相対的な視線距離変化を「縞の数を数え」、それを波長の半分で掛けることで波長の整数倍の不確定性を取り除き、実際の視線距離変化を計算します。

　SAR 干渉解析の結果を表示するときは**図 6.7** や **図 6.8** のような縞模様にすることが多いですが、位相アンラッピングによって視線距離変化が求められるのであれば、縞模様ではなく視線距離変化を表示すればよいのではないかと思うかもしれません。しかし、その方法は細かい変位場を求められるという、InSAR ならではの特徴を視覚的に表現しにくくしてしまいます。そのため、視線距離変化の絶対値が分かりにくいという欠点がありながらも、細かい変位場が視覚的に分かりやすいという利点のある縞模様による表示が主に用いられています。

6.5　宇宙から海底を測る

　ここまで述べてきたように、GNSS や SAR のような宇宙測地技術の出現により、高い時間・空間分解能で地殻変動観測が可能になりました。しかし、GNSS や SAR 衛星から発せられた電波は海水を透過しないため、海域の地殻変動観測が困難もしくは不可能という問題があります。

　地球の変形を理解するのに、海域での観測は重要です。地表の約 7 割は海域ですし、地震の多くは海域で、特に巨大地震の発生するプレート境界は大

半が海域に位置するからです。つまり、海域での観測は、巨大地震にともなう応力の蓄積や解放のメカニズムをより詳細に理解することを可能にするのです。このような観点から、GNSS と音響測距を組み合わせて海底の地殻変動を計測する試みが 2000 年前後から行われてきており、現在でも新しい観測手法が開発され続けています。

▍GNSS–音響測距結合方式による地殻変動観測

　海水は電波を通しませんが音波を通します。そのため、海底の地殻変動を計測するのに音波を用いるのは有効です。これまでに、海底の 2 点間の距離を音波で計測する方法（**図 6.14a**）や海底に設置されたトランスポンダーと海中の圧力計との距離を計測することにより海底の深さを計測する方法（**図 6.14b**）などが考案されてきました。しかし、これらの方法は海底の位置を 3 次元的に知ることはできません。そこで、GNSS を用いる方法が考案されました。

　GNSS 衛星から射出される信号は海水面で反射してしまいますので、海水面より下に GNSS アンテナを設置するわけにはいきません。だからといって、数千mにも及ぶことのある海底から海水面より上にまで及ぶ建築物をつくるのも非現実的です。ですので、GNSS を用いて海底の地殻変動を計測するには、**図 6.14c** のように海水を伝わる音波も合わせて用います。このような計測は GNSS–音響測距結合方式と呼ばれ、船から発せられる音波により

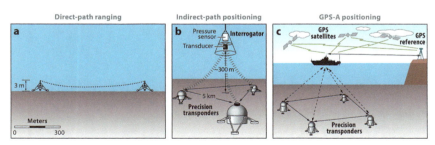

図 6.14　海底における地殻変動計測の例。(a) 海底の 2 点間の距離を音波で計測する方法。(b) 海底に設置されたトランスポンダーと海中の圧力計との距離を計測する方法。(c) GNSS と海中を伝わる音波を用いて船と海底のトランスポンダーとの相対距離を計測する方法。Bürgmann & Chadwell (2014) より。

船と海底のトランスポンダーの相対的な位置を計測し、船に搭載されたGNSSによる位置計測と合わせて、海底のトランスポンダーの（重心）位置を求めます。海水の音速は海水温によって変化するため、船と海底のトランスポンダーとの距離を正確に計測するには海水温の分布を正確に知らなくてはならず、この温度分布の不確定性がこの計測の主な誤差源になります。この計測の精度は陸上でのGNSS観測には劣りますが、それでも水平位置で数十mm、鉛直位置で100mm程度の精度で観測点の位置を求めることができます。

　地震にともなう地殻変動がGNSS-音響測距結合方式の観測により初めて観測されたのは2004年紀伊半島南東沖地震のことです。それ以来日本近海ではGNSS-音響測距結合方式の観測点が多数設置され、2011年東北地方太平洋沖地震では最大31mもの変位が観測されました（**図6.15**）。陸上でのGNSS観測点で観測された変位は最大5.3mですから、震源に近い海域で観

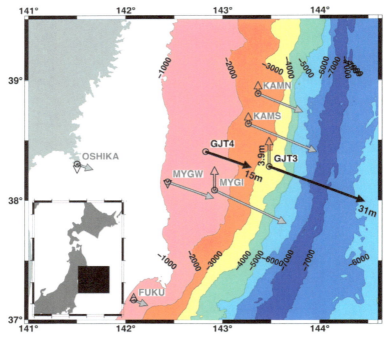

図6.15　2011年東北地方太平洋沖地震にともない観測された海底地殻変動。Kido et al.（2011）より。

測を行うことの重要さが分かるでしょう。31 m の変位が地表で観測されたということは震源ではそれ以上の大きさの断層すべりが発生したということになり、実際にごく浅部で 50 m 以上のすべりがあったことが海底調査で明らかにされましたが、陸上の観測からだけでは、その地震による断層すべりがごく浅い部分にまで及んだのか、大きなすべり量が局所的に発生したのか、それとも小さなもしくは中規模のすべり量が広範囲で発生したのか、などの疑問に答えることができないのです。特に後者は、予想される津波の大きさに影響を及ぼすだけでなく、震源域での応力の蓄積とその解放のメカニズムの理解に影響を及ぼす重要な問題です。

　海域での地殻変動観測は、プレート境界でのゆっくりとした応力蓄積も計測しました。1944 年東南海地震や 1946 年南海地震を引き起こしてきた南海トラフではフィリピン海プレートの沈み込みにともない上盤側の日本列島が押され、陸上での GNSS 観測点は北西に移動しているのが観測されてきました。しかし、海域での動きは明らかになっていませんでした。この問題は重要で、海域の動きを明らかにすることは、プレート境界が浅部までかみ合っているのか、すなわち応力の蓄積が浅部まで及んでいるのか、ということを理解することにつながるからです。最近の研究（**図6.16**）では、海域も陸域と同様もしくはより大きな速度で動いており、プレート境界は浅部までかみ合っている、すなわち大地震が発生する際には浅部まで地震すべりが進行して大きな津波を起こす可能性がある、ということが分かりました。このように、海域における地殻変動観測は、技術開発・実際の観測ともに日本が世界の先端を走っています。

海域での連続観測

　ここまで述べたように GNSS–音響測距結合方式による地殻変動はさまざまな成果をもたらしていますが、船が観測点にいるときにしか観測できない、つまり連続観測ができないという欠点があります。連続観測をできるようにするために、海に建築物をつくればよいのではないかとすぐに思い浮かびますが、数千 m にも及ぶ深海でそれは現実的ではありません。では、海上での航路標識などにも用いられているブイに GNSS アンテナをつけるのはどうでしょうか？　ブイは海底に固定されたアンカーとひもや鎖で固定されて

第 6 章　測地学を変えた計測技術

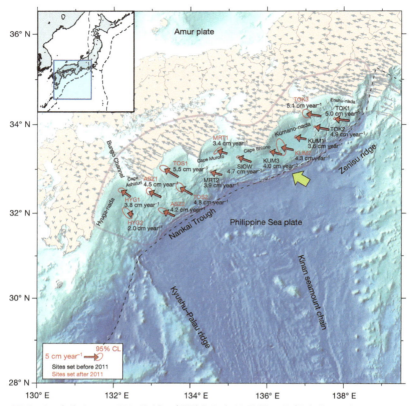

図 6.16　南海トラフ周辺海域で観測された地震間の地殻変動。Yokota et al. (2016) より。

いるだけなので、海流などによるブイの姿勢の変化によって GNSS アンテナの位置が変わってしまいます。実際、海流により GNSS アンテナの位置は 1 m のオーダーで水平移動します。しかし、海流による GNSS アンテナの高さ変化は 100 mm 程度で、たとえば大きな津波の到来を検知するには十分であることが分かります。実際に、2011 年東北地方太平洋沖地震の際にはブイに設置された GPS アンテナ（GPS 津波計；**図 6.17a**）が 6 m にも及ぶ急激な海面上昇を観測し、この地震によって発生した津波の大きさが当初の予想よりも大きなものであるということを明らかにしました（**図 6.17b**）。

　さらに最近、海底に設置したアンカーに棒をつけ、その先端に GNSS アンテナをつけて観測点の位置を計測する技術が開発されました（**図 6.18**）。こ

6.5 宇宙から海底を測る

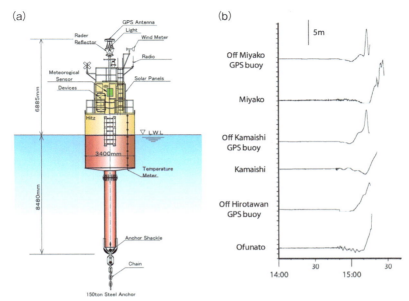

図 6.17 （a）ブイに設置された GPS アンテナによって地殻変動を計測する GPS 津波計の模式図。Kato et al.（2005）より。
（b）GPS 津波計によって観測された 2011 年東北地方太平洋沖地震にともなう津波。1, 3, 5 段目が GPS 津波計により観測で、2, 4, 6 段目が海岸での潮位計による観測。Ozaki（2011）より。

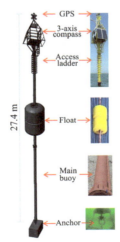

図 6.18 海底に設置したアンカーに棒をつけ、その先端に GNSS アンテナを設置して海底地殻変動を観測するシステム。Xie et al.（2019）より。

第6章 測地学を変えた計測技術

の手法と海流による GNSS アンテナの位置の移動の補正を行うと、GNSS ア
ンテナの位置を 10–20 mm の精度で求められることが明らかになりました。
この技術は浅海部での観測に有用で、陸上での観測場所が限られる島嶼部の
火山の観測に特に威力を発揮するのではないかと考えられます。

第 7 章

質量の移動を宇宙から測る
重力の計測

　5.2 節では、地上における重力観測について述べてきました。地上での観測では、観測点の重力を高い精度で知ることができますが、地上観測はどこででもできるわけではありません。たとえば急峻な山間部や活火山の山頂付近などには人間が立ち入ることができないために観測もできませんし、海底での観測も非現実的です。そのため、人工衛星を用いて広い範囲の重力を計測することによって、地球の構造や運動についての新たな知見が得られると考えられてきました。ここでは図 7.1 に示すような衛星からの重力観測やそれによって得られた知見について紹介します。

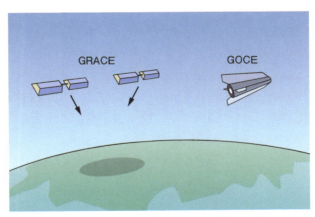

図 7.1　地球の重力を観測するための衛星の例。

7.1 衛星からの重力観測の原理

　そもそも人工衛星はなぜ回っているのでしょうか？　地球の引力があるためです。地球の引力がなかったら、衛星は地球を周回することなく、どこかへ飛んでいってしまいます。人工衛星にはたらく力は地球からの引力だけですから、地球に向かって自由落下しているともいえます。逆にいうと、人工衛星の軌道が、地球のつくる重力場についての情報をもっているということもいえます。そのため、人工衛星の軌道を調べることによって地球自身のつくる重力場を観測することができるのです。

7.2 さまざまな衛星による重力観測

初期の衛星観測

　世界で最初に人工衛星から重力場を観測したのは、1957年のことで、ソビエト連邦の人工衛星スプートニク1号によってです。なお、スプートニク1号は人類初の人工衛星です。その後、1960年代からは、衛星レーザー測距（SLR）による重力観測が行われました。SLRについては6.2節でもふれています。

　SLRは8,000–20,000 kmと比較的高高度の人工衛星と地上局の距離を計測する技術ですが、人工衛星は軌道が高くなるほど重力場の長波長成分が強調され、短波長成分が消えていきます。そのため、重力場の短波長成分を衛星で計測するという要請が生じました。そこでその要請に応えるために、ドイツのGFZ（GeoForschungsZentrum：地球科学研究所）ポツダムは、CHAMP（Challenging Minisatellite Payload）という衛星を打ち上げました。CHAMPは高度400–450 kmに位置し、重力場の観測だけでなく、大気や電離圏の研究など他の地球科学分野にも大きな貢献をし、当初の予定（5年）を上回り、2010年まで運用を続けました。

GRACE

　この問題を解決するために登場したのが、GRACE（Gravity Recovery

and Climate Experiment）という衛星です。GRACE は 2002 年に米国航空宇宙局とドイツ航空宇宙センター（Deutsches Zentrum für Luft- und Raumfahrt；DLR）によって打ち上げられました。GRACE は当初の予定（5年）を大きく上回り、2017 年まで運用されました。その後、2018 年にGRACE-FO（GRACE Follow-on）という同様の衛星が打ち上げられ、重力観測を継続しています。

　GRACE および GRACE-FO の軌道は GPS 衛星を用いても計測されていますが、最大の特徴は 2 機の衛星を投入し、それらの距離を測っていることです。2 機の衛星は、約 550 km の高度で約 220 km の距離で周回し、お互いの距離変化を K バンド（24 GHz）および Ka バンド（32 GHz）のマイクロ波で、0.3 μm/s という高い精度で計測しています。GRACE-FO にはさらにレーザー測距儀を搭載し、距離変化の測定精度をさらに向上させています。密度の高い物質の上を衛星が飛ぶと衛星がその物質に引き寄せられるために二つの衛星の距離が短くなり、逆に密度の低い物質の上を衛星が飛ぶと二つの衛星の距離が長くなります（**図 7.2**）。そのため、2 衛星の距離変化を計測することで地球の重力場を知ることができるのです。

　GRACE がもたらした成果は多岐にわたります。最も基本的な成果としては地球の静的なフリーエア異常の分布が得られましたが、GRACE ならではの成果としては、重力場の時間変化が得られたことです。GRACE からは、数 μGal の精度の毎月の重力変化が、全球にわたり約 300 km の空間分解能で得られたというものです。重力変化をもたらす主要な要因として水の移動がありますが、降水量の年周変化にともなう水の分布の季節変動が GRACE によりはっきりと観測されています（**図 7.3**）。GRACE はミッションの名前にclimate を含むこともあり、打ち上げ時から気候変動に関連した質量移動を観測することを目的の一つとしてきたのですが、水の移動の年周変化だけでなく異常気象による洪水や干ばつ、農業用水や工業用水の汲み上げにともなう地下水の減少なども検出しており、地球の環境変化を監視する強力な手段として活躍しています。

　GRACE は、季節変動による重力変化だけでなく、重力の経年変化も観測しました。たとえば、グリーンランドでは重力が減少していることが分かります（**図 7.4**）。これは、地球温暖化によりグリーンランドの氷床が急速に失

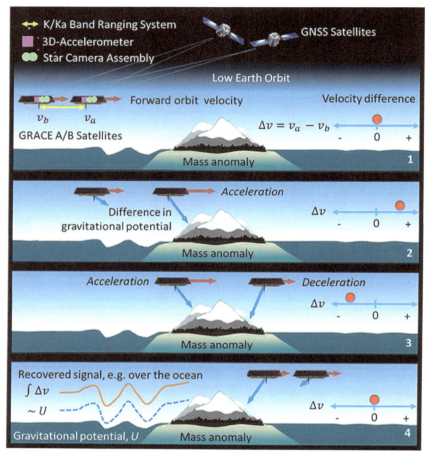

図 7.2 GRACE 衛星による重力観測の原理。Tapley et al.（2019）より。

われていることを示しています。GRACE による見積もりによると、グリーンランドでは毎年約 2,200 億トンの氷床が失われています。氷河の密度を 800 kg/m³（0.8 g/cm³）とすると、グリーンランドで毎年焼失する氷床の体積は約 280 km³ となり、富士山の体積の 6–7 割となります。

これに対してカナダ北部や北欧では重力が増加しています。これは、第 10 章でふれる後氷期変動によるものです。氷河期が終わり地面を押していた氷河がなくなると、氷河があった地域には周囲から物質が引き寄せられてきます。そのために地下の質量が増えますから、重力が増加していきます。

7.2 さまざまな衛星による重力観測

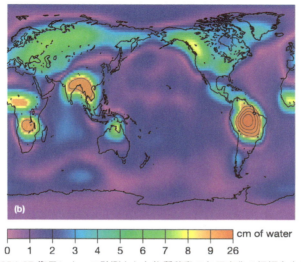

図 7.3　GRACE 衛星によって計測された物質移動の年周変化の振幅を水の厚さに変換したもの。Wahr（2015）より。

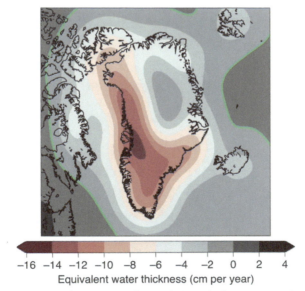

図 7.4　GRACE および GRACE-FO 衛星で計測されたグリーンランドにおける 2002 年 4 月から 2019 年 12 月にかけての氷床量の変化率を水の厚さに換算したもの。Mohajerani（2020）および Velicogna et al.（2020）より。

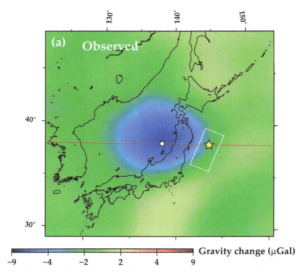

図 7.5 2011 年太平洋沖地震にともない GRACE 衛星により計測された重力変化。Matsuo & Heki (2011) より。

　GRACE では経年的な変化だけでなく、大地震などによる瞬間的な重力変化も観測できます。図 7.5 は 2011 年東北地方太平洋沖地震にともなう重力変化です。海域でも大きな重力変化が観測されていることが分かるでしょう。衛星による重力観測は、陸域はもちろん海域でも観測が可能であるために、海域で発生した地震などのメカニズムを詳細に理解することができるという利点もあります。

● GOCE

　重力観測は、高高度で行うほど地下の密度構造の長波長の特徴が増幅され、短波長の特徴が減衰します。そのため、地下の密度構造の細かい特徴を衛星から知るためには、低高度での観測を行う必要があります。しかし、低高度での観測は残留大気による抵抗の影響により、長期間の観測が困難になります。2009 年に欧州宇宙機関によって打ち上げられ、当初の予定（3 年）を上回り 2013 年まで運用された GOCE（Gravity Field and Steady-state Ocean Circulation Explorer）は、流線型の形状による空気抵抗の軽減など宇宙工学上の新技術を投入して運用されました。GOCE の軌道高度は当初

260 km で、ミッションの終盤には 224 km まで下げられました。なお、GRACE で計測できる空間分解能である 300 km よりも細かい分解能である約 160 km の波長の構造に対する感度は、GOCE は高度 400 km の GRACE の約 100 倍あり、その差は、波長が短くなるほど大きくなっていきます。

　GOCE の軌道は、CHAMP と同様に GPS 衛星によって計測されています。GOCE は直交する 3 軸のそれぞれの軸に加速度計を 2 個ずつ計 6 個搭載しています。それぞれの加速度計は 3 成分の加速度を計測していますから、6 個の加速度計からは 18 個の計測値が得られます。この計測値からは重力の空間勾配が求められ、これは地球内部の短波長の構造に高い感度をもちます。この情報と、地球内部の長波長の構造に感度をもつ GOCE の軌道情報とを組み合わせることにより、地球の重力場を計測します。

　GOCE による重力観測は、時間変化の計測を目指した GRACE とは異なり、静的な重力異常を高い空間分解能で、かつ高い精度で計測することを目指したものです。GOCE による観測は、たとえば**図 2.5** のような世界のフリーエア異常の分布を求めることなどに使われています。

7.3　重力ポテンシャルの観測

　ここまでは、重力加速度を求めるためのさまざまな方法を紹介してきましたが、人工衛星で重力ポテンシャルを計測することもできます。重力加速度は、重力ポテンシャルの空間勾配方向にはたらきます。つまり物を自由落下させると等しい重力ポテンシャルに垂直な方向に落ちていきます。したがって、海面の形は、もし海流などの擾乱要因がなければ等重力ポテンシャル面になります。無限にある等重力ポテンシャル面の中で、平均海面の形をジオイドといいます。すなわち、海面高を計測することが直接ジオイド高を計測することになっているわけです。ジオイドは標高 0 m を定義する面ですので、実用上も重要になります。なお、海流や潮汐による海面高さの擾乱の大きさはせいぜい数 m で、地球上のジオイド高の地域差（100 m）の数％程度なので、衛星によるジオイド高の計測は有効です。

　そのような考えから、衛星からの海面高度計によりジオイドの形を計測することが行われてきました。基本的な考え方は、位置のきちんと分かってい

る衛星からマイクロ波を鉛直した向きに照射し、海面で反射してきた波を受け取ることにより衛星と海面までの距離を測るというものです（**図7.6**）。このような計測は海面高を測るには有効ですが、陸地までの距離を測るには有効ではありません。なぜなら、陸地は地形の起伏があり、照射したレーダー波が地表で乱反射して衛星に返ってくるレーダー波のエネルギーが減少するからです。

　衛星に搭載した海面高度計から海面高を計測する最初の試みは、米国のスカイラブ計画の一部として1973年に行われました。その後1975年および1978年に米国航空宇宙局により打ち上げられたGEOS-3（Geodynamics Experimental Ocean Science 3）およびSeaSat、1985年に米国海軍によって打ち上げられたGEOSAT（Geodetic Satellite）など、1970年代から80年代にかけて海面高度計を搭載した衛星が複数打ち上げられました。

　この流れは1990年代に入っても止まることはありませんでした。欧州宇宙機関は1991年にERS-1（European Remote Sensing Satellite 1）を、1996

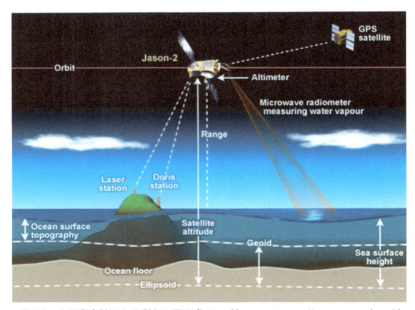

図7.6　海面高度計による測定の原理（https://www.star.nesdis.noaa.gov/socd/lsa/AltBathy/より）。

年に ERS-2 を打ち上げ、米国航空宇宙局とフランス国立宇宙センターは共同で 1992 年に TOPEX/ポセイドンを打ち上げました。TOPEX は Topography Experiment からとったもの、ポセイドンはフランス国立宇宙センターがミッション名にしていたギリシャ神話の海の神ポセイドンからとったものです。さらに、1998 年には米国海軍が GEOSAT の後継機 GFO（GEOSAT Follow-on）を打ち上げました。TOPEX/ポセイドンは、海面高度計としては初めて C バンド（5.3 GHz）と Ku バンド（13.6 GHz）による 2 周波のレーダーによる観測や軌道決定精度を上げるための高高度での運用などにより、海面高を 20–30 mm 以内という高精度で計測することができ、それにより、海面高度計が海洋研究に有用であるということが認識されました。そのため、この頃には、海面高度計の打ち上げの主目的は、ジオイドの形の決定というよりは海洋研究に移っていました。

1990 年までに海洋高度計の有用性が認識されたため、21 世紀に入っても海洋高度計を搭載した衛星が次々と打ち上げられました。ERS-2 の後継機としては Envisat（Environmental Satellite；2002–2012 年）や Sentinel-3（2016 年–現在）があります。Sentinel-3 ミッションでは 3A と 3B の二つの衛星がすでに打ち上げられており、さらに 3C・3D の二つの衛星の打ち上げを準備中です。なお、Sentinel というのは欧州宇宙機関による地球観測衛星打ち上げミッションの名前で、英語で見張り・番人という意味です。TOPEX/ポセイドンの後継としては Jason-1（2001–2013 年）・Jason-2（2008–2019 年）・Jason-3（2016 年–現在）があります。なお、Jason の名は、ギリシャ神話に登場する英雄イアソン（Jason）からとっています。その他に、フランス国立宇宙研究センターとインド宇宙研究機関によって 2013 年に打ち上げられ、現在も運用をつづけている SARAL（Satellite with Argo and Altika）、中国海洋局によって 2011 年に打ち上げられ現在も運用を続けている海洋 2 号、極域の氷床・海氷の観測を主目的に欧州宇宙機関によって 2010 年に打ち上げられ、現在も運用を続けている CryoSat-2 など、現在は海面高度計を搭載した多くの衛星が打ち上げられています。なお、衛星名の一部となっている Cryo は冷凍・冷却を表す英語の接頭語です。

海面高度計を搭載した衛星からの観測は、地球のジオイド高の分布を決めるのに大きな貢献をしてきました。世界のジオイド高（**図 2.5**）や日本のジ

オイド高（**図 2.6**）の分布の作成には、これらの衛星からとられたデータが大きく寄与しました。また、太陽や月からの引力によって海水が移動し、それにともない地球も変形する海洋潮汐の研究にも多くの貢献をしました。海洋潮汐については第9章でふれます。しかし、上に示したように現在多くの衛星が打ち上げられているのは、海洋科学、すなわちエルニーニョ現象や地球温暖化にともなう海面上昇など海洋の変動を連続的に監視するのに大きな貢献をしているからです。海洋変動は海面高度計の本来の目的からするとノイズとみなされていたのですが、現在ではノイズであったはずの海洋変動がシグナルとみなされ、研究が進んでいます。このようなことは、測地学に限らず地球科学ではよくあることで、興味深いことです。

第8章

1日の長さは一定なのか
地球回転の計測

　地球は約46億年前に、超新星爆発によって宇宙空間に飛び散ったちりやガスが衝突・合体を繰り返すことによって誕生しました。これらの衝突は正面衝突であるとは限りません。正面衝突でない場合には回転成分が残ります。そのために地球は現在でも自転していると言われています。日常的な感覚では地球の回転運動は規則正しいものに思えますが、実際には地球の自転は時間的に一定ではなく、太陽や月からの引力や大気・海洋の運動などにより時間変化します。この情報から地球内部構造などの情報が得られます。この章では、**図 8.1** に示すようなさまざまな地球の自転を観測することによって得られる情報を解説します。

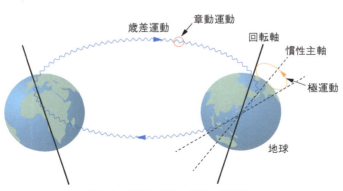

図 8.1　地球の歳差・章動・極運動。

87

8.1 地球の自転とコマの回転：歳差・章動

　地軸は、現在公転面（黄道面）に垂直な方向から約 23.4 度傾斜しています。そのため、北半球では夏至に最も太陽から受け取るエネルギー量、つまり日射量が多くなり、冬至に最も日射量が少なくなります。したがって、地球上には季節が存在します。日常的な感覚では、季節を生み出している地軸の傾きが時間変化するという実感は全くわきませんが、実際には変化しています。ここでは、数万年以上の時間スケールでの気候変動にも影響を与えている地球の時間軸の時間変化について解説します。

コマの歳差運動

　お正月などにコマを回した経験がある方は多いでしょう。コマは勢いよく回っているときは安定して回っていますが、回転の勢いが弱くなると回転軸が大きく揺れて回り、ついには回転を止めてしまいます。この回転軸が揺れる現象を歳差運動といい、地球にも見られます。歳差運動はみそすり運動・すりこぎ運動・首振り運動などとも呼ばれます。コマや地球ではなぜこのような現象が発生するのでしょうか？　まず、より単純なコマの例で考えてみましょう。

　図 8.2 のように傾きながら回転するコマを考えてみましょう。コマの形状は回転軸に対して対称だとしましょう。このコマにはたらく力は下向きに、

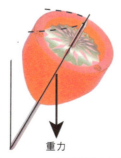

図 8.2 傾きながら回転するコマ。コマが反時計まわりに自転しているとき、回転軸は反時計まわりに回転する。

つまり回転軸を倒す方向にはたらく重力です。回転する物体に外力（この場合重力）がはたらくと、物体には角運動量（この場合回転軸の方向）と外力のどちらとも垂直な方向への力がはたらきます。これをジャイロスコープ効果ともいいます。もしコマが反時計回りに回っている場合には、角運動量ベクトルが**図 8.2**で斜め上向きになりますので、コマが鉛直軸に対して反時計回りに動くような力がはたらきます。ここでは回転軸と鉛直軸のなす角そのものは変わりません。これを歳差運動といいます。コマの場合は回転運動と歳差運動の方向が同じです。このあと述べますが、地球の場合は回転運動と歳差運動の方向が逆になります。コマの歳差運動の回転速度はコマの自転速度に反比例します。つまり、コマの自転速度が遅くなると歳差運動が速くなります。これはコマを実際に回したときの実感と近いのではないでしょうか。

地球の歳差運動

このように、歳差運動をもたらす原動力は、物体に、角運動量と異なる方向にはたらく力です。コマの場合はその力は重力でしたが、地球の場合は主に太陽から及ぼされる万有引力です。地球は**図 8.3**に示すように回転軸が黄道面に垂直な方向から約 23.4 度傾斜しています。さらに、地球は完全な球体ではなく赤道方向に張り出した回転楕円体に近い形をしています。すると、**図 8.3**に示すように地球には回転軸を立てる方向に力がはたらきます。コマ

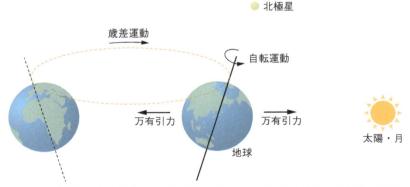

図 8.3 太陽や月から地球にはたらく万有引力はコマの場合と違い自転軸を立てる方向にはたらく。そのため歳差運動の向きも逆になる。

第 8 章　1 日の長さは一定なのか

の場合とはかかっている外力が回転軸に及ぼす作用が逆であることに注意しましょう。コマの場合は自転の向きと歳差運動の向きが同じでしたが、地球の場合は自転の向きと歳差運動の向きが逆になります。つまり、地球の自転は北極の真上から見ると反時計回りであるのに対して、歳差運動は時計回りになるということです。歳差運動の周期は約 25,700 年です。つまり、現在は地球の地軸のほぼ延長上、つまり天の北極付近にある北極星も、数千年後には天の北極からは離れてしまう、すなわち現在の北極星をみて方位を知ることはできなくなるということです。なお、コマの場合と同じく、ここで考えている限りでは回転軸と黄道面のなす角そのものは変わりません。

　地球の歳差運動が最初に発見されたのは紀元前 2 世紀のことで、ギリシャの天文学者ヒッパルコスによってです。ヒッパルコスは皆既月食のときのおとめ座のスピカと月との角距離が 150 年前の星表から変わっていること、同様の現象が他の恒星についても起きていることを発見し、発見された現象は恒星の運動ではなく地球の歳差運動によるものであるとしました。

　歳差運動により、日射量の地球上での空間分布は周期的に変わります。そのほかに、現在は円軌道に近い楕円軌道である公転軌道の離心率の変化や、現在は約 23.4 度である回転軸の傾きの時間変化（長期的には約 21.5 度から約 24.5 度まで変化します）が日射量の空間分布を変えます。これにより、地球の気候は数万年以上の時間スケールで氷河期から間氷期へ、もしくは間氷期から氷河期へと周期的に変化します。このことは1920年代にミルティン・ミランコビッチによって提唱され、ミランコビッチサイクルと呼ばれます。近年の地質学的調査により、約 100 年前に提唱されたミランコビッチサイクルはかなりの精度で正しいことが立証されました。

地球の章動運動

　地球の回転軸の向きは、より短い周期でも揺らいでいます。これを章動と言います。長周期で振幅の大きい歳差運動に、より周期が短く振幅が小さい章動が重なっています。章動は 18 世紀半ばにイギリスの天文学者ジェームス・ブラッドリーによって発見されました。彼は 20 年間のりゅう座 γ 星の観測記録から約 9 秒角（1 秒角は 3,600 分の 1 度）の振幅の章動を発見しました。

章動は、歳差運動と同じく太陽や月が地球に及ぼす引力によりもたらされる運動です。すなわち、地球の形が正確には球形ではなく赤道方向に張り出した回転楕円体に近い形をしていることにより生じます。歳差運動と章動の違いは、歳差運動が自由振動であるのに対して、章動は強制振動であるということです。

自由振動と強制振動について理解するために、ブランコに乗った人を考えてみましょう（**図 8.4**）。これは簡単に表すと、天井からぶら下がった振り子で近似することができます。振り子は重力と振り子の長さだけで決まる周期（具体的には、重力が一定ならば振り子の長さの1/2乗に比例する周期）で振動します。ブランコに乗っている人が力を加えることなく自然に揺れているような状況です。これが自由振動で、歳差運動の周期は地球の形状や内部構造によってのみ決まります。では次に、乗っている人が周期的に力を入れてブランコを漕ぐことを考えてみましょう。この状況は、揺れる振り子に周期的に外力を与えることに相当します。すると、自由振動の他に、与えた外力の周期でも振動します。この、与えた外力の周期での振動が強制振動です。

では、章動を発生させる周期的な外力とは何でしょうか？　歳差運動や章動をもたらす外力は太陽や月からの引力ですが、太陽に対する地球の公転軌道や月の地球に対する公転軌道は完全な円形ではなく楕円形なので、地球と月や太陽の距離は時間変化します。夜に空を見上げると、同じ満月の日でも月が大きく見えたり小さく見えたりすることがあるでしょう。その他にも月の軌道面（白道面）が黄道面に対して約5度傾き、かつ黄道極に対して約

図 8.4　自由振動と強制振動の概念図。

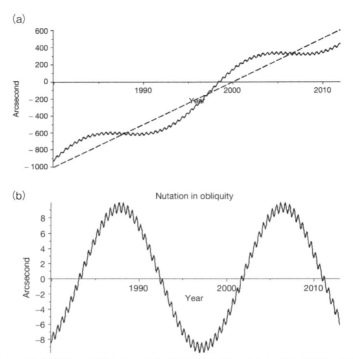

図 8.5 最近の章動の時間変化の（a）黄道面に平行な成分と（b）垂直な成分。(a) に見られる長期的なトレンドは歳差運動である。Dehant & Mathews（2015）より。

18.6 年の周期で周回している、などのさまざまな要因により、地球にはさまざまな周期的な外力がはたらき、したがって、さまざまな周期の章動が見られます。**図 8.5a** に最近の章動の大きさの時間変化の黄道面に平行な成分を、**図 8.5b** に垂直な成分を示します。**図 8.5a** は波線で示すような長期的な時間変化が見られますが、これは周期約 25,700 年すなわち毎年約 50.3 秒の割合で地球の回転軸の方向が移動する歳差運動です。**図 8.5** から分かるように、最大の振幅をもつ章動は約 18.6 年の周期をもちますが、より短周期な成分も含まれます。

　歳差運動や章動は、地球が受ける太陽や月からの引力を原動力にしていて、太陽や月の運動は現代では正確に予想できますから、地球の歳差運動や章動も、複雑ではあるものの正確に予想できます。

8.2 地球の自転軸は北極・南極ではない？：極運動

ここまで述べてきた地球の歳差運動や章動は、地球の地軸の宇宙空間における方向の変化についての議論で、地球の本体に対する回転軸の位置変化については考えてきませんでした。つまり、地球の回転軸は北極と南極を結ぶ線上であると暗黙のうちに仮定してきました。しかし、実際には地球の回転軸は地球の本体に対して動いています（図 8.6）。これを極運動といいます。ここでは、さまざまな原因によって生じている極運動を紹介します。

極運動の原理

そもそも、極運動はなぜ発生するのでしょうか？　物体には外力がなくても定常的な回転運動を維持できる方向が三つあります。この方向は互いに垂直で慣性主軸といいます。地球の場合、北極と南極を結ぶ線がおおよそ慣性主軸の方向の一つになります。回転する物体の回転軸が慣性主軸からずれると、外力がなくても回転軸は物体に対して揺れ動きます。地球の場合、回転軸が慣性主軸からわずかにずれているので外力がなくても極運動が発生します。これが、このあと紹介するチャンドラー極運動です。

さらに、地球の質量分布は一定ではなく時間変化しています。時間変化の最大の要因は水の輸送です。これによる地球の質量分布の変化により極運動が発生します。このことについてもこの後説明します。

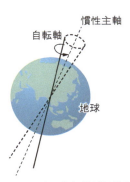

図 8.6　地球の極運動の模式図。地球の自転軸が慣性主軸からずれているために自転軸が慣性主軸の周りを回転する。

第8章　1日の長さは一定なのか

チャンドラー極運動

　地球の歳差運動や章動と同じように、極運動にも自由振動と強制振動があります。まずは、地球の構造や内部構造によってのみ周期が決まる極運動について考えてみましょう。

　地球の密度構造が分かっていれば、自由振動による極運動の周期を求めることができます。18世紀半ばにレオンハルト・オイラーは約305日の周期の極運動が地球には存在すると理論計算により予想しました。19世紀末に、フリードリッヒ・キュストナーが極運動の存在を初めて観測し、ほぼ同時に、セス・チャンドラーは極運動の周期が実際には約305日ではなく約430日であるということを天体観測により発見しました。この極運動をチャンドラー極運動といいます。この極運動の発見の直後、オイラーによる予想と観測の違いは、主にオイラーが地球を剛体であると仮定していたことによると米国の数学者サイモン・ニューカムが示しました。つまり、地球の弾性がこの違いの大きな原因であるということです。現代の観測によるとチャンドラー極運動の周期は約434日で、地球の弾性・海水の運動・マントルの非弾性・流体の外核の存在により理論的にも精度よく説明されています。

極運動の年周変化

　観測される極運動はチャンドラー極運動だけでなく、年周変動も含んでいます。この年周変動は、主に季節変動による地球上の水の輸送にともなう質量分布の変化によるもので、外力によって引き起こされる強制振動です。チャンドラー極運動の周期が約1.2年ですので、極運動の振幅は約6年の周期で大きくなったり小さくなったりしますが、地理極（地球の回転軸と地表との交点）は半径3mから15mほどの円を描くような運動、つまりテニスコートの中を動き回るくらいの大きさの運動をしています（**図8.7**）。地球上の水の輸送の季節変動はじめとした地球の質量分布の時間変化は完全には予測できないため、極運動を完全に予測することはできません。

周期的でない極運動

　これまで述べたとおり、極運動は地球の質量分布によって発生します。質量分布の年周変化が極運動をもたらすのは今述べたばかりですが、地球の質

8.2 地球の自転軸は北極・南極ではない？：極運動

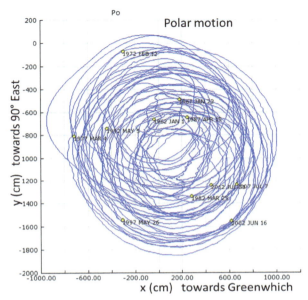

図 8.7 真の北極の位置（極運動）の時間変化。円を描くような年周変化が卓越していることがわかる。Dehant & Mathews (2015) より。

量分布の変化には周期でないものもあります。代表的なものは第 10 章で詳しく説明する後氷期変動や最近の気候変動による氷床の融解による質量分布の変化です。これらは極域に分布していた質量を低緯度地域に移動させます。同時に、後氷期変動によって荷重を失った地域は隆起していきます。この組み合わせにより、真の北極が移動していきます。2000 年代中盤までは真の北極は北米大陸方向に移動していましたが、それ以降は方向が変わり、ヨーロッパ方向に年約 0.1 m の速度で移動しています（図 8.8）。この方向転換の原因は、気候変動による極域の氷床の融解と陸域の土壌水分分布が変わったことです。

　大地震が発生すると地球の質量分布が短時間で変化するため、短時間のうちに極運動が生じます。観測可能な大きさの極運動が生じるのはマグニチュード 9 クラスの超巨大地震のみです。1960 年チリ地震（マグニチュード 9.5）では、天の北極（地軸と地表との交点）が約 0.7 m 東南東に移動しました。2011 年東北地方太平洋沖地震では天の北極が約 150 mm 南東に移動しました。これらの大きさは天の北極の回転半径（3–15 m）よりは小さいです

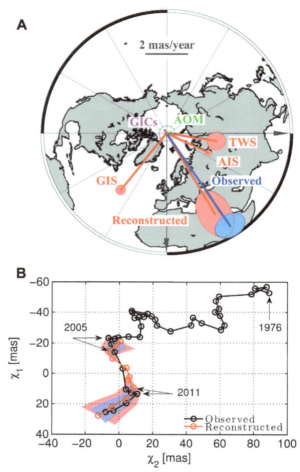

図 8.8 真の北極（地球の回転軸）の過去数 10 年間の移動。年周変化は取り除いている。(A) 観測された極移動の方向（青）とさまざまなモデルから予測される極運動の方向（赤）。(B) 極運動の方向を平面に投影したもの。mas はミリ秒角で、1 ミリ秒角が約 30 mm に相当する。Adhikari & Ivins (2016) より。

が、無視できるほど小さくはありません。

8.3 自転速度変化とうるう秒

日常生活の感覚では、1 日は 24 時間で、時によって変化しないように思え

ます。しかし、よく考えてみると、最近まで時々うるう秒が入っていました。うるう秒というのは1月1日もしくは7月1日の日本時間午前8時59分59秒のあとに午前8時59分60秒を入れて午前9時00分00秒になるというものです。1972年以来これまで27回実施され、最後に実施されたのは2017年1月1日です。なお、午前8時59分58秒のあとに午前8時59分59秒を飛ばして午前9時00分00秒にする負のうるう秒を入れることもできますが、今までに実施されたことはありません。このことは、1日の長さ（Length of Day；LOD）は一定でなく、長期的には長くなってきているということを意味します。LODがふらつくということが認識されたのは原子時計の精度が向上した1960年代以降のことです。では、LODのふらつきはなぜ起こるのでしょうか？　それは地球の自転速度の時間変化と関わります。ここでは地球の自転速度を変化させるものについて解説します。

自転速度が変化する理由

　LODは「約」24時間ですが、何によって決まっているのでしょうか？24時間というのは地球上のある地点が太陽に対して同じ方向を向くまでの時間です。地球は1恒星日（23時間56分4秒）に一周自転しますが、その間に地球が太陽の間を公転していますので、地球が太陽に対して同じ方向を向くために、LODは1恒星日よりも少し長くなります。

　回転する物体は、外力がはたらかないと角運動量が保存します。すなわち、回転する物体はずっと回転し続けます。また、回転軸付近に質量が集中すると回転速度は上がりますし、逆に回転軸から遠いところに質量が集中すると回転速度は下がります。フィギュアスケーターが高速スピンをするときに手を体につけることを思い出してみると、このことは分かりやすいかもしれません。フィギュアスケーターだけでなく、地球にも同じことが起きています。つまり、地球の質量分布の時間変化により地球の自転速度、すなわちLODは変わっているということです。

定常的な変化

　長期的には、地球の回転速度は減速しています。それは第9章で解説する潮汐力が原因です。海水の満ち引きは月や太陽の引力（潮汐力）によるもの

ですが、海底面での摩擦力のために、海水は潮汐力に対して少し遅れて運動します。そのため、たとえば満潮時刻は月や太陽の南中時刻よりも 3–4 時間遅れます。すると、図 8.9 に示すように、海水の存在は地球回転を減速させる力を及ぼします。この効果により LOD は年に 2.3 ミリ秒（0.002 3 秒）ずつ長くなります。実際の観測によると、過去 2700 年間に 1 日の長さは年 1.8 ミリ秒ずつ長くなっているので、両者には年間 0.5 ミリ秒の差があります。この差は、第 10 章で解説する後氷期変動によるものです。氷河期が終了して極域での氷床が溶け、極域での氷床による荷重がなくなったことによる地球の粘弾性応答により、極域の隆起が現在に到るまで続いていますが、この極域の隆起により、赤道方向に張り出した回転楕円体に近い地球の形は、赤道方向への出っ張りが減少する、つまり球形に近づきます。そのため、地球の質量がより回転軸の近くに集中しますから、地球の回転速度が速くなります。これにより LOD が 0.5 ミリ秒長くなります。先に述べた海水が地球回転を減速する効果（年 2.3 ミリ秒）と合わせて、長期的には LOD が年 1.8 ミリ秒ずつ長くなるということになります。

　地球と月の系を考えると、外力ははたらいていませんので全体の角運動量は保存します。つまり、月からの引力が地球の回転を減速させているということは、月の角運動量は増加している、つまり公転半径も大きくなります。言い換えると、月は地球から遠ざかっていくことになります。このことを古代の月食記録から最初に提唱したのがハレー彗星にその名を残すエドモンド・ハレーで、1695 年のことです。その後の観測で月は地球から年約 38 mm

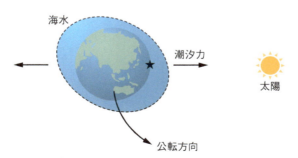

図 8.9　南中時刻と満潮時刻の関係。★の点で南中時刻を迎えているが海底での摩擦により海水は潮汐力に対して遅れて運動するため、満潮時刻は南中時刻より 3–4 時間遅れる。

の割合で遠ざかっていることが分かりましたが、この値は地球の長期的な回転速度の減速から推定される値とほぼ一致しています。

数十年スケールの変動

　地球の回転速度、つまり LOD の時間変化は、定常的な変化以外の成分もあり、さまざまな時間スケールをもっています。これらの変動について、時間スケールの長い順に議論していきましょう。

　宇宙測地技術による観測はせいぜいここ 40 年程度しかありませんから、地球回転速度の数十年スケールの変動は天体観測によってしか明らかにすることができません。具体的には、月が他の天体と地球の間に入って、その天体を地球から見えなくしてしまう掩蔽（えんぺい）の記録から、地球の回転速度の変動が明らかになりました（**図 8.10**）。**図 8.10** は、LOD が 1 年に 1.8 ミリ秒ずつ長くなっていく効果を取り去ったものですが、それでも、過去 200 年ほどの間に ±4 ミリ秒ほどのゆらぎが残ります。この大きさは大気や海洋の流動によって引き起こすには大きすぎます。したがって、地球内部に原因を求めなくてはなりません。

　地球回転速度の数十年スケールの変動をもたらす最も大きな原因は地球内部のコアとマントルの相互作用です。第 3 章で解説したように、地球には鉄を主成分とする流体の外核があり、流動しています。これにより、地表で観

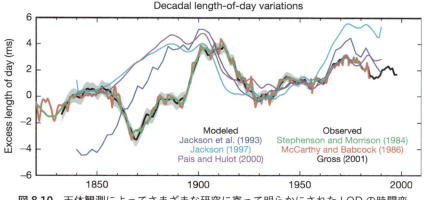

図 8.10　天体観測によってさまざまな研究に寄って明らかにされた LOD の時間変化。Gross（2015）より。

測される地球磁場が時間変化しています。外核は流体ですから固体のマントルに対して相対運動し、マントルと角運動量を交換しています。これが地球回転速度を時間変化させています。

年周変化

LODの時間変化には数百マイクロ秒程度の振幅をもつ年周・半年周変化の成分もあります。近年の大気・海洋循環モデルの発展により、大気や海洋の流動が1日の長さの時間変化に与える影響が正確に評価できるようになり、観測される年周変化のほとんどが対流圏（高度約11 km以下）と成層圏（高度約11 kmから50 kmまで）の大気の輸送によって説明できることが明らかになりました。成層圏よりも高い高度にある大気は大気全体の1%程度の質量しかありませんが、風速は大きいため地球回転速度に与える影響は無視できるというほどではなく、LODを20マイクロ秒程度年周変化させるくらいの効果があります。近年の地球回転速度の計測精度の向上にともない、地球回転速度の年周変化が河川や湖沼など陸水の動きに起因するものもあることが明らかになりました。陸水の動きは、LODを20マイクロ秒程度年周変化させるくらいの効果があります。

地球回転速度の年周変化の最も大きな原因である大気・海洋の運動の年周変化は、完全に規則的なわけではありません。そのため、LODの年周変化の振幅は時間変化します（**図8.11**）。たとえば、1982年から1983年にかけてのエルニーニョ–南方振動現象（赤道付近中部・東部太平洋の水温が上昇する現象）の発生の際は、LODの年周変動の振幅が通常の約2倍に、半年周の振幅が約半分になりました。最近の研究では、エルニーニョ現象の発生とLODの年周・半年周変動の振幅に強い相関があることが明らかになりました。エルニーニョ現象が発生すると、LODの年周変動の振幅が大きくなり、半年周変動の振幅が小さくなります。逆にラニーニャ現象（赤道付近中部・東部太平洋の水温が低下する現象）が発生すると、LODの年周変動の振幅が小さくなり、半年周変動の振幅が大きくなります。

エルニーニョ現象が発生すると、赤道付近の太平洋で吹いている東からの貿易風が弱まります。このことは、貿易風の方向は地球回転の方向と逆ですから、それが弱まるということは大気の角運動量は増加することになりま

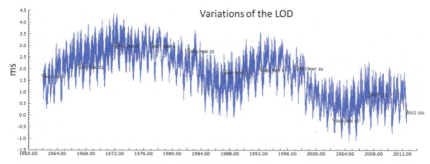

図 8.11 LODの月から年スケールの時間変動。エルニーニョ現象などの大気・海洋運動によりLODは時間変化する。大気・海洋運動は完全に年周変化するわけではないので、LODの年周変化の大きさは年によって異なる。Dehant & Mathews（2015）より。

す。運動量保存則により、大気の角運動量が増加すると固体地球の角運動量は減少しますので、地球回転速度は遅くなり、LODは増加します。エルニーニョ現象が発生するとLODの年周変動の振幅が大きくなるのはこれが原因です。

より短い時間スケールの変動

　ここまでLODの季節変動やより長い時間スケールの変動について述べてきましたが、LODはより短い時間スケールでも変動します。30日から60日の時間スケールでは、インド洋西部から太平洋西部にかけての熱帯域で降雨パターンが東へ進んでいくマッデン–ジュリアン振動とLODの変化との関わりが指摘されています。海洋起源のLODの変動はこの帯域では無視できるほどの大きさです。

　30日より短い時間スケールになると、第6章で解説する潮汐が大きな役割を果たします。潮汐は太陽や月からの引力を受けて地球が変形したり海水が移動したりする現象ですが、地球の自転にともない半日・1日の周期の変形が卓越すると同時に、地球と太陽と月の位置関係によって約14日などの周期の変形もあります。10–30日の時間スケールのLODの変動はほとんど潮汐によるものですが、海流の急激な変化によるLODの変動も報告されています。

　潮汐力は固体地球を変形させる（固体潮汐）と同時に海水を移動させます

第 8 章　1 日の長さは一定なのか

（海洋潮汐）が、半日・1 日周期での LOD の変動に影響を及ぼすのは海洋潮汐のほうで、観測される半日・1 日周期での LOD の変動の約 9 割は海洋潮汐によって説明されます。残りの 1 割は、太陽による熱によって昼の部分の大気が温められ、密度が低くなり周囲と密度差ができることにより輸送される効果で、これにより数マイクロ秒の LOD の変動があります。

8.4　地球回転の観測

天体観測

　衛星測地技術の出現前は、地球の姿勢を観測するためには光学望遠鏡を用いた恒星の観測によって主に行われてきました。恒星は宇宙空間の中で不動と考えられるため、恒星の方角を観測することによって地球の宇宙空間に対する姿勢が計測できるためです。LOD の測定には日食・月食や月が恒星と地球の間に入って恒星を地球から見えなくする掩蔽現象の発生した時刻を用います。日食・月食より月の掩蔽現象を用いたほうが LOD を精度よく計測することができます。**図 8.10** は、このような天体観測から過去 150 年ほどの LOD の変化を求めたものです。**図 8.10** は、計測された LOD から潮汐力により年間 1.8 ミリ秒ごと LOD が長くなっていく効果を除去したものであることに注意してください。1950 年代より実用化された原子時計により時刻の計測精度が上がり、LOD のゆらぎをより精度よく計測できるようになりました。

　極運動の観測は、観測点の天文緯度を観測することによって行われていました。天文緯度とは、天の北極および天の南極をそれぞれ北緯 90 度および南緯 90 度とした緯度で、ある地点の天文緯度は、天の北極もしくは天の南極の高度であるともいえます。現在の天の北極はこぐま座 α 星（北極星）付近にあります。**図 8.12** に示すように、地球の自転軸が天の北極に対して傾くと同じ地理緯度をもつ点であっても、経度によって天文緯度は増加したり減少したりします。つまり、世界各地で天文緯度を観測することにより地球の極運動を求めることができるのです。1899 年には国際緯度観測事業が立ち上げられ、北緯 39 度 08 分に位置する 6 地点で緯度観測が開始されました。同緯度に観測点を設置したのは、同じ星群を観測できるようにするためです。こ

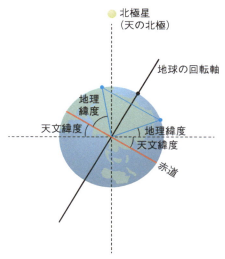

図 8.12 地球の回転軸が天の北極の方向からずれると同じ地理緯度でも経度によって天文緯度が異なる。

の六つの観測点のうちの一つに岩手県水沢町（現・奥州市）が選ばれ、緯度観測所（現・国立天文台 VLBI 観測所）が設立されました。国際緯度観測事業は、地球回転観測が衛星測地観測に取って代わられる 1982 年まで、100 年近くにわたって継続しました。

衛星測地技術

　第 6 章では、1980 年代からの衛星測地技術の登場により、地表変形の観測が地上での伝統的な測量から衛星測地技術に置き換わっていったことを述べましたが、地球回転の観測においても、光学望遠鏡を伝統的な天体観測が 2 ケタほど精度のよい衛星測地技術に置き換えられました。

　地球回転を計測するのに最も強力な衛星測地技術は VLBI です。VLBI アンテナは宇宙空間に固定された方角にあると仮定できる電波源からの電波を受信しますので、地球上の多くの観測点で多くの電波源からの電波を受信することにより、地球の宇宙空間での姿勢、すなわち歳差・章動・極運動・LOD 全てを計測することができます。VLBI による観測には巨大な設備と多額のコストが必要ですので、地殻変動を計測するという目的では、1990 年代

第8章　1日の長さは一定なのか

以降 GNSS など他の衛星測地技術に置き換えられていますが、地球回転を観測するという点では今でもなくてはならないものです。

　GNSS は地球上を周回する衛星からの電波を受信しており、SLR は地球上を周回する衛星と地上の観測局からの距離を求めています。そのため、これらによって宇宙空間上の地球の姿勢を表す歳差・章動を計測することはできません。しかし、地球に固定された座標系における自転軸の方向を表す極運動を計測することはできます。LOD やその時間変化を計測することは原理的には可能ですが、地球を周回する GNSS 衛星や SLR 衛星の軌道決定誤差によって自転速度の計測精度が下がるので、現実的には VLBI による計測により重きを置いて LOD を計測しています。

リングレーザージャイロスコープ

　最後に、地球の自転速度、つまり LOD を計測するための新しい技術としてリングレーザージャイロスコープを紹介します。リングレーザージャイロスコープは回転する物体の回転速度を計測するもので、航空機の姿勢制御などに使われています。図 8.13 のように、回転する円環に反時計回りと時計回りの 2 種類の光が独立に伝搬しているとしましょう。円環が反時計回りに回転しているとすると、反時計回りに伝搬する光は、円環を一周するのに、時計回りに伝搬する光よりも余計に時間がかかることになります。この違いは反時計回りに伝搬する光と時計回りに伝搬する光の周波数の差となって現れます。これをサニャック効果といいます。リングレーザージャイロスコープは、このサニャック効果による光の周波数の違いを計測することにより物体の回転速度を計測します。天体観測や衛星測地技術は、地球の自転速度のある時点からの相対的な変化を計測しているのに対して、リングレーザージャイロスコープによる計測は、地球の自転速度の絶対値を直接計測するものですから、これにより、地球回転の性質に新しい知見が得られることが期待されます。

　地球の自転速度は毎秒約 15 秒角ですが、リングレーザージャイロスコープで地球の自転速度を計測するには、機器が毎秒 15 秒角のゆっくりとした回転を計測できるだけでなく、その揺らぎを計測できる感度がなくてはなりません。1 マイクロ秒の LOD の揺らぎをとらえるためには、毎秒約 0.2 ナノ

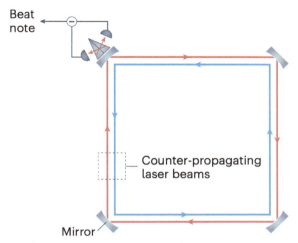

図 8.13 リングレーザージャイロのスコープの模式図。Ciminelli & Brunetti（2023）より。

秒角の回転速度の揺らぎをとらえられる感度がなくてはなりません。このような高感度の計測を目指して、現在機器開発が進められています。

第9章

月や太陽も地球を変形させる
潮汐

　潮の満ち引きは私たちの生活に密着しています。たとえば、春から初夏にかけて行われる潮干狩りは、干潮時に行います。海釣りの好きな方は、潮の満ち引きに常に気を配っていることでしょう。潮の満ち引きは太陽や月から及ぼされる引力と地球が太陽を、月が地球を周回することにともなう遠心力によって発生しますが、これらの力、つまり潮汐力は潮位を上下させるだけでなく、**図9.1**に示すように、地球を変形させ、地球の自転速度、すなわち1日の長さを変える原動力にもなります。また、潮汐力は地震や火山噴火の原動力になることもあります。ここでは、潮汐力がもたらすさまざまな現象について解説します。

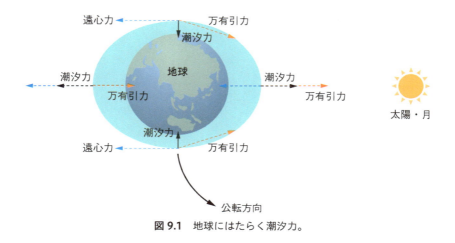

図9.1　地球にはたらく潮汐力。

9.1 潮汐力とは：地球にはたらく万有引力と遠心力

　地球上では1日に2回、すなわち約12時間に1回ずつ潮の満ち引きが繰り返します。これは上に述べたように地球に万有引力と遠心力がはたらくためです。では、具体的にはどのように潮の満ち引きが発生するのでしょうか？

万有引力と遠心力と潮の満ち引き

　地球にはたらく万有引力は主に太陽と月からですが、ここでは簡単のために片方の天体、たとえば太陽からはたらく力だけを考えましょう。

　地球は太陽の周囲を周回していますから、太陽によってもたらされる万有引力と公転運動による遠心力がほぼつり合っています。「ほぼ」というのは、地球の中で太陽に近い側と遠い側では力のバランスが異なるからです。また、実際には、第8章で述べたように月は地球から角運動量を得て年約38 mmの割合で遠ざかっていますから、正確な意味ではつり合っていません。しかし、ここではとりあえずつり合っているとしましょう。まず、万有引力の大きさは距離の2乗に反比例しますから、**図 9.1** に示すように、万有引力は太陽から近い側の地球により大きくはたらきます。それに対して、公転運動にともなう遠心力は公転半径に比例しますから、**図 9.1** に示すように、遠心力は太陽から遠い側の地球により強くはたらきます。このことより、地球の中心では万有引力と遠心力はつり合っていますが、太陽に近い側の地球では太陽に近づく方向に潮汐力がはたらき、太陽に遠い側の地球では太陽から遠ざかる方向に潮汐力がはたらきます。そのため、**図 9.1** に示すように、液体で動きやすい海水は太陽に近い側と遠い側に集まります。ある点に着目すると、一周自転する間、つまり1日に2回ずつ満潮と干潮が繰り返すというわけです。

　ここまでは太陽のみが地球に力を及ぼしていると考えてきましたが、実際にはもちろん月も地球に力を及ぼしています。月が地球を周回していることを考えると、上の議論が地球と月の関係にも当てはまるか疑問に思う方もいるかもしれませんが、作用反作用の法則により、月にかかる力は地球にもかかりますし、月に人間が立っているとすると、月が地球を周回しているとも

第9章　月や太陽も地球を変形させる

考えられますから、上の議論は地球と月の関係にもそのまま当てはまります。つまり、地球は月と太陽から潮汐力を受けていて、それにより1日2回満潮と干潮が繰り返します。

図9.1によると、太陽と月からの潮汐力は、それぞれ太陽の南中時刻とその12時間後、および月の南中時刻とその半日後に最も大きくなります。もし海水が潮汐力に即時に反応するのであれば、太陽と月からの潮汐力の合計が最大となる時に満潮となるのですが、第8章で示したように、海水と海底との摩擦のために海水は潮汐力に即時に反応できず、実際の満潮時刻はそれよりも3-4時間遅れます。

月と太陽からの潮汐力の大きさの比較

ここまで述べてきたように、地球は太陽と月から潮汐力を受けます。では、太陽と月のどちらから受ける潮汐力のほうが大きいのでしょうか。

潮汐力は地球にはたらく万有引力の場所による差で、太陽や月までの距離の3乗に反比例し、太陽や月の質量に比例します。太陽の質量（約1.99×10^{30} kg）は月の質量（約7.35×10^{22} kg）の約2,700万倍ありますが、地球と太陽の距離（約1.50×10^{8} km）は地球と月の距離（約3.84×10^{5} km）の約390倍ありますので、太陽が地球にもたらす潮汐力は月がもたらす潮汐力の約46％になります。つまり、月が地球にもたらす潮汐力のほうが大きいのですが、太陽が地球にもたらす潮汐力も無視できない大きさであるといえます。なお、太陽と月の次に地球に大きな潮汐力をもたらすのは金星と木星ですが、その大きさはそれぞれ月がもたらす潮汐力の5×10^{-5}倍および6×10^{-6}倍にすぎず、無視できるほどの大きさです。

大潮と小潮

図9.2は2024年1月1日から1ヵ月間の東京港の潮位記録です。これを見ると、半日・1日周期の潮位変化のほかに満潮・干潮の潮位差が2週間ほどの周期で大きくなったり小さくなったりしていることが分かります。満潮・干潮の潮位差が大きいときを大潮、小さいときを小潮といいます。この違いは地球に対する太陽と月の位置関係の違いにあります。

図9.3aや図9.3bのように地球と太陽と月が一直線に並ぶと、太陽と月が

108

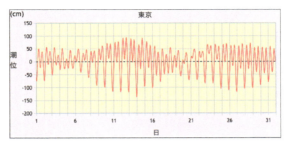

図 9.2 東京港における 2024 年 1 月 1 日から 31 日までの潮位の変化。

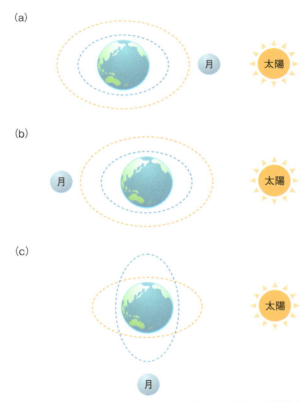

図 9.3 （a）新月や（b）満月のときは太陽と月が地球にもたらす潮汐力が同じ方向になり満潮と干潮の潮位差が大きくなる（大潮）。（c）半月のときは太陽と月がもたらす潮汐力が打ち消し合うので満潮と干潮の潮位差が小さくなる（小潮）。

地球にもたらす潮汐力が同じ方向になりますから、満潮と干潮の潮位差が大きくなり大潮になります。つまり、新月（**図 9.3a**）や満月（**図 9.3b**）のときは大潮ということになります。それに対して、**図 9.3c** のように太陽と月が地球に対して直角の位置にいると、太陽と月のもたらす潮汐力が打ち消し合いますから、満潮と干潮の潮位差が小さくなり小潮になります。**図 9.3c** は上弦の月のときの地球・太陽・月の位置関係ですが、下弦の月のときも小潮になります。

さまざまな分潮

図 9.2 を見ると、大潮・小潮に対応した約 2 週間周期の潮位変化や半日・1 日周期の潮位変化が見えます。半日周期の潮位変化と大潮・小潮に対応した潮位変化の原因についてはここまでに議論した通りですが、1 日周期の潮位変化が見られるのは、よく考えたら不思議なことです。ここまでの議論では、1 日周期の潮位変化を生み出すものは何も出てこないからです。しかし、実際には 1 日周期の潮位変化がはっきりと観測されています。このことは、今までの議論で考えられていなかった重要な要因が隠されているということを示しています。それは何でしょうか？

1 日周期の潮位変化を生み出すものは、黄道面や白道面に対して地軸が傾いていることです。たとえば**図 9.4a** に示すように公転面に対して地軸が傾いていなければ、ある点にある時刻にはたらく潮汐力は同じ点に半日後にはたらく潮汐力と同じ大きさで反対方向になります。それに対して、**図 9.4b** に示すように地軸が傾いていると、ある地点にはたらく潮汐力と 12 時間後に同じ地点にはたらく潮汐力は同じ大きさになりませんから、潮汐力の変化は正確に半日周期になりません。そのため半日周期の成分と 1 日周期の成分が残るのです。

極潮汐と放射潮汐

第 8 章では地球の自転軸が地球本体に対して動いていく極運動について述紹介しましたが、極運動によって地球にかかる遠心力が時間変化する（**図 9.5**）ので、潮汐の一つとして扱われ、極潮汐と言われます。極運動の周期は 1 年と約 434 日（チャンドラー極運動）の二つですので、極潮汐の周期もこ

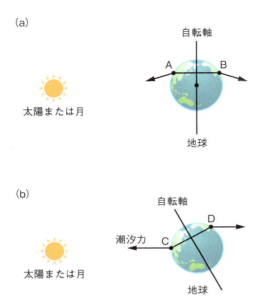

図 9.4 地球の太陽または月に対する公転面が紙面に垂直だとすると（a）のように地球の自転軸が公転面に垂直であれば観測点 A にはたらく潮汐力と 12 時間後（観測点 B）にはたらく潮汐力は等しい。しかし実際には地球の自転軸は公転面に垂直ではない（b）ので観測点 C にはたらく潮汐力と 12 時間後（観測点 D）にはたらく潮汐力は等しくない。そのため 1 日周期の潮汐力の成分が存在する。

の二つになります。振幅は小さいですが、無視できるほど小さくはなく、精密な観測では観測可能です。

　地球は太陽に対して自転していますので、地球上のある地点で太陽から受ける放射熱の量は日周変化すると同時に年周変化します。太陽からの放射熱を受けると、大気は温められて密度が低下し、周囲との密度差によって大気が流動します。これを大気潮汐と呼びます。また、地表付近は太陽からの放射熱を受けることによって熱膨張します。このように、太陽からの放射熱による地球の周期的な変動をまとめて放射潮汐と呼びます。放射潮汐の効果は理論的に計算することはできますが、重力による潮汐と周期帯が重なるために、理論を観測で検証することは困難です。

9.2 潮汐力による地球の変形：固体潮汐

潮汐力は海水を移動させるだけでなく、地球を変形させます。それは、地球が剛体ではなく弾性体と近似できる物体で、力が加わると変形するからです。これを固体潮汐といいます。図 9.1 に見られるように、変形の方向は、大まかには太陽や月に向かって引き伸ばされる方向です。太陽や月の軌道は正確に決まっていますのでそれぞれの天体によってもたらされる潮汐力はある程度正確に計算できますし、潮汐力による地球の変形は地球の詳細な構造にあまり敏感ではありませんので、潮汐力による地球の変形はかなり正確に計算することができます。逆にいうと、潮汐力による地球の変形の観測からは地球の内部構造は大まかにしか分からないということになります。ここでは海の存在を考えずに潮汐力による地球の変形を考えてみましょう。海に潮汐力がかかることによってもたらされる影響はあとで議論します。

ラブ数・志田数

地球に潮汐力と遠心力が加わると重力ポテンシャルが変化します。海水は液体ですので重力ポテンシャルに従って移動します（図 9.1）。固体地球の部分は潮汐力などの短い時間スケールの力に対しては弾性体として振る舞いますので、変形はしますが海水のように大きくは変形しません。つまり、潮位が 1 m 上がったからといって、固体地球部分も 1 m 変形するわけではないということです。

潮汐力がもたらすポテンシャル変化によって地球がどのくらい変形するか

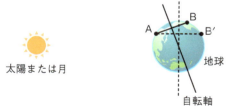

図 9.5 地球の自転軸が実線の時、観測点 A の 12 時間後の宇宙空間上の位置は B になるのに対して自転軸が点線の場合、観測点 A の 12 時間後の宇宙空間上の位置は B′ となる。そのため潮汐力の時間変化が異なる。

は、地球の硬さを表すよい指標になります。オーガスタス・エドワード・ラブは 1909 年に、潮汐力のもたらすポテンシャル変化に対する地表の鉛直変位の割合 k と、潮汐力による固体地球部分の変形によって発生する等重力ポテンシャル面の二次的な変形の割合 h を導入しました。もし地球が剛体であれば $h=k=0$、均質な流体球であれば $h=1.5$ および $k=1+h=2.5$ となります。実際の地球はこれらの値の中間となり、おおよそ $k=0.30$ および $h=0.60$ となります。たとえば潮汐力によりポテンシャル面が 0.5 m 上昇した場合、海面の盛り上がりは 0.5（1+k）＝0.5×（1+0.30）＝0.65 m となります。固体地球の上下変位は $0.5h=0.5×0.60=0.30$ m となります。そのため、固体地球に固定されている潮位計で測定される潮位変化は 0.65−0.30＝0.35 m となります。h や k はラブ数と呼ばれます。地球上で観測される潮位変化は 0.5−1 m 程度ありますので、地球表面は 1 日のうちに地球中心から 0.3 m ほど遠ざかったり近づいたりしているということになります。しかし、この動きを私たちは地球上で感じることはありません。それは、潮汐力による変形は非常に波長が長く、自分の周囲が一斉に上がったり下がったりしているため、また、半日かけてゆっくりと地面が上がったり下がったりしているためです。なお、この変形は衛星測地技術でとらえることができますが、固体潮汐による変形はかなり正確に予測できるため、潮汐力による変形を観測することが目的でないならば除去して他の要因による変形を抽出することができます。

　潮汐力は固体地球の水平変位ももたらします。1912 年、京都帝国大学の志田順は、潮汐力のもたらすポテンシャル変化に対する地表の水平変位の割合 l を導入しました。この l は志田数と呼ばれます。もし地球が剛体であれば h や k と同じく $l=0$ ですが、実際にはそうでないので l は有限の値をとり、その値は地球の地下構造に依存します。地球の場合はおおよそ $l=0.08$ です。たとえば潮汐力によりポテンシャル面が 0.5 m 上昇した場合、地表での水平変位は $0.5l=0.5×0.08=0.04$ m となります。つまり、潮汐力により地球表面は 1 日のうちに地球中心に対して数十 mm 水平に変位しているということになります。

　地球の内部構造を与えればラブ数や志田数を理論的に計算することができます。地球については、今までにさまざまな地球モデルが提唱されてきまし

たが、異なる地球モデル間でのラブ数や志田数の違いは 1–2 ％ほどしかありません。つまり、潮汐力は地球内部の微細な構造にはあまり敏感ではないのです。

なお、衛星による重力観測などによって、地球以外の惑星についてもラブ数の一つである k を求めることはできます。たとえば、地球のように液体のコアをもたない月では $k = 0.025$ と地球の 1/10 以下であり、月は地球よりも硬い惑星であるといえます。

自由コア章動

第 8 章で説明したように、地球は潮汐力によって章動運動します。章動運動によって固体のマントル部分が宇宙空間に対してその姿勢を変えるとき、液体の内核はマントルと一緒に動くことはなく、慣性の法則によりマントル部分がその姿勢を変えるのに抵抗します。そのとき、核–マントル境界にはマントルの回転軸を形状軸に戻すような力がはたらきます。作用反作用の法則により、逆の力がコアにもはたらきます。この力を原動力とした章動運動を自由コア章動といいます。

宇宙空間に固定された座標系では、静水圧平衡が成り立っていると、つまり内核がマントルからの圧力と遠心力によってつりあっているとすると、自由コア章動の固有周期は約 460 日です。しかし、観測によって明らかになった固有周期は約 435 日です。この違いは、核–マントル境界は静水圧平衡が成り立っている形状よりも赤道方向に約 0.52 km 張り出した、より扁平な回転楕円体になっていることによって説明できます。核–マントル境界がこのような形状になるのはマントル対流によるものであるとされています。

地球に固定された座標系での自由コア章動は約 1 恒星日です。そのため、VLBI で観測される自由コア章動の固有周期は約 435 日であるのに対して、地上に設置された重力計や傾斜計やひずみ計などで観測される自由コア章動の固有周期は約 1 恒星日です。このことから、自由コア章動は準日周自由揺動と呼ばれることもあります。

9.3 海の荷重による地球の変形：海洋潮汐

9.3 海の荷重による地球の変形：海洋潮汐

　潮汐力は海水を移動し、潮の干満をもたらします。海水の移動は地表での重力変化をもたらします。この重力変化は固体地球が剛体で全く変形しないとしても発生することです。実際には固体地球は剛体でなく力を与えられると変形しますから、海水の重みによって変形します。そのため、潮汐による海水の移動が海水による荷重の分布が変化することにより、固体地球の変形は時間変化します。太陽や月による海水の移動とそれにともなう地球の変形を含めて、ここでは海洋潮汐といいます。

海水の荷重による地球の変形の求め方

　海水による荷重は、地球表面に垂直方面にはたらく力の集合であると考えられます。つまり、地球表面上のある1点にはたらく力による地球の弾性変形の分布（これをインパルス応答もしくはグリーン関数といいます）と地球表面状にかかる荷重の大きさの分布が分かれば、地球上の任意の点での変形や重力変化を求めることができます。

　地球の密度や地震波速度構造、すなわち弾性定数を仮定すればグリーン関数は計算することができます。**図9.6**に、重力変化・変位・傾斜・ひずみといったさまざまな観測量についてのグリーン関数を示しています。ここでは、地球の構造として標準地球モデルの一つであるPREM（**図3.2**）を仮定しています。**図9.6**からは、グリーン関数は角距離1度、すなわち約100 km以上では小さくなっていることが分かります。つまり、海洋潮汐による地表の変形は海岸から約100 km以内の場所で主に観測されるということです。固体潮汐によるひずみ変化は10^{-8}程度、傾斜変化も10^{-8}程度ですが、実際に海岸付近では、海洋潮汐による傾斜やひずみの変化は、固体潮汐によるものと同程度、時にはより大きくなります。海洋潮汐のもたらす変位は海岸付近であっても数十mm程度で、固体潮汐のもたらす数百mm程度の変位と比べると小さくなります。海洋潮汐のもたらす変位は波長が短い、つまり局所的なものなので、ひずみや傾斜が大きくても変位は小さくなります。

115

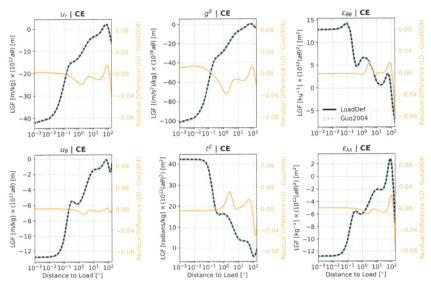

図 9.6 地球上の1点に荷重がかかった時の地球の弾性変形の分布。横軸は角距離、縦軸は変形の大きさで、変位の動径方向成分（左上）および接線方向成分（左下）、重力変化（中上）、傾斜（中下）、ひずみの動径方向成分（右上）および接線方向成分（右下）。(Martens et al. (2019) より。黄色い線は Guo et al. (2004) との違いを示しているが、両者はほとんど変わらない。)

9.4 潮汐力は地震を起こすか？

　潮汐と地震の関係は古くから興味がもたれてきた古くて新しい問題です。潮汐力は地球内部の応力場を変化させますから、潮汐力が地震発生の原動力の一つになりうると考えるのは自然なことです。潮汐力による応力変化は 1–10 kPa 程度であるのに対して地震による応力降下は 1–30 MPa ですから、潮汐力による応力変化は地震による応力変化の 1/1,000 程度もしくはそれ以下にすぎません。しかし、潮汐力による応力変化速度は毎秒 1 Pa 程度、つまり年 30 MPa 程度になり、プレート運動などテクトニックな応力蓄積速度と同程度もしくはテクトニックな応力蓄積速度よりも高いくらいです。このような潮汐力による荷重の地震発生への影響を知ることは、地震発生メカニズムの理解を深めるために重要なことです。ここでは、潮汐力と地震発生の関係

について議論します。

地震観測によって分かること

　地震観測も潮位観測も古くから行われていましたから、両者の関係は 19 世紀末頃から調べられてきました。当時は地震発生数の周期性と太陽や月の位置の関係などが調べられていただけですが、潮汐力による地球の変形の理論計算が可能になった 1960 年代以降は、潮汐力による地球の変形と地震発生の関係が直接考察されるようになりました。しかし、当時は海洋潮汐による地球の変形の効果が考慮できず、海洋潮汐も含めた地球の変形と地震発生の関係が考慮されるようになったのは 1990 年代になってからのことです。

　地震の大きさは巨大地震から微小地震までさまざまですが、潮汐力とどの大きさの地震とを比較するかという問題もあります。というのは、小さな地震は大きな地震の余震であることもあり、地震発生の潮汐力による効果を評価するためには、このような余震を取り除くことが必要であるからです。しかし、それぞれの地震は、自分が余震であると宣言して発生しているわけではないので、統計的な手法を用いて余震を取り除く必要があります。

　潮汐力と地震発生の関係はさまざまなものがありますが、両者の関連については肯定的なものも否定的なものもあります。これまでにされた研究をまとめると、潮汐力と地震発生は、プレートが誕生する中央海嶺で発生する地震を除いては普遍的に関連しているわけではなく、ある特定の地域や時期において関連が発生するようです。具体的には、**図 9.7** に示すように、大地震の直前にのみ、潮汐力が地震発生を促進する方向にはたらくときに地震が発生する傾向をもつようになります。**図 9.7** は 2011 年東北地方太平洋沖地震についての例ですが、2004 年スマトラ沖地震・2008 年四川地震など他の大地震の前にも同様の傾向が見られています。このことは、定性的には大地震前に震源断層での応力が高まっているときには、潮汐力のような小さな応力変化が「最後の一押し」となって地震を発生させうると理解できます。このような事例は、地震活動の潮汐力との関係をモニターすることにより大地震発生の時期を予測できる可能性があるということを示しています。

　大地震の余震が潮汐力により駆動されているという報告もなされています。たとえば、1995 年兵庫県南部地震の余震活動は本震直後は 1 朔望月

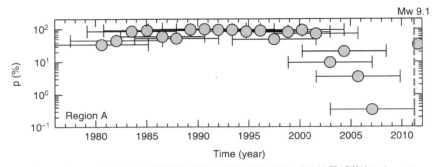

図 9.7 2011 年東北地方太平洋沖地震の震央付近で発生する地震が潮汐によって駆動されていない確率の時間変化。値が低ければ低いほど地震活動が潮汐によって駆動されている。2000 年代より地震活動が有意に潮汐によって駆動されるようになっている。Tanaka（2012）より。

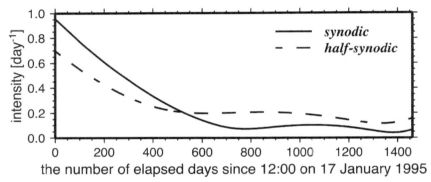

図 9.8 1995 年兵庫県南部地震の余震活動の 1 朔望月（実線）および 0.5 朔望月（破線）の周期の強さの時間変化。本震発生直後は余震活動は周期的に発生していたが次第に周期性が弱まっていることがわかる。Iwata & Katao（2006）より。

（29.53 日）や 0.5 朔望月の周期があったものの、本震 1 年後からはそのような周期性がなくなっています（**図 9.8**）。本震直後は震源域周辺の応力状態が臨界状態であったために、潮汐力のようなわずかな応力変化が地震を誘発しうるけれども、本震から時間がたって余震や余効変動によって本震の震源域の応力状態が緩和されると、微小な応力変化では地震を誘発しなくなると考えると、この現象は説明できます。

　第 11 章で説明しますが、地球内部で蓄積された応力を解放する手段は地震だけではありません。1990 年代に、地震波をあまり放出しないが断層面で

の応力は解放されるスロースリップと呼ばれる現象が発見されました。さらに、2000年代に入って発見された非火山性低周波微動がスロースリップと密接に関わっていることが明らかになりました。これらスロー地震や低周波微動の発生は、しばしば半日もしくは1日の周期性をもち、潮汐力によって駆動されていることを示唆します。さまざまな証拠から、これらの現象は地下の流体が豊富な地域、つまり間隙水圧の高い領域で発生することが示唆されていますが、間隙水圧が上がると地震発生に必要なせん断応力が下がります。このことは、乾いた状態よりも水に濡らした状態で両手を合わせたほうが手がすべりやすいことから実感できるでしょう。間隙水圧が高まると、低いせん断応力で地震が発生しますから、そのぶん微小な応力変化にも敏感になると理解できます。

9.5 潮汐力は火山活動に影響を与えるか？

火山活動は地震活動よりも複雑です。なぜなら、火山性地震は別として、一般的な地震は断層面のすべりだけを考えればよいのに対して、火山活動は、火山によってさまざまな粘性をもったマグマや熱水の蓄積やその移動を考えなくてはならないからです。また、一般的にマグマには水蒸気・二酸化炭素・二酸化硫黄・硫化水素などの揮発性物質が溶けており、浅部への移動によりマグマにかかる圧力が低下すると、溶けていた揮発性物質が地表に流出します。このため、温泉地など火山地域では火山ガスの噴出が見られるのですが、地下では、溶けていた揮発性物質を放出したマグマの密度が増加します。このように、潮汐力が火山活動に及ぼす影響は複雑で、1980年代から議論されてはいるものの、統一的な見解は得られていません。

火山性地震活動と潮汐の関係

火山で発生する地震にはさまざまなものがあります。まず、マグマだまりや貫入したダイクが膨張・収縮すると周囲の岩石の応力場が変化します。そのために、マグマだまりやダイクの周辺で地震が発生します。これらの地震を火山構造性地震といいます。また、マグマや熱水そのものの振動による地震も発生します。これらの地震はさまざまなタイプがありますが、いずれも

火山構造性地震とは明確に異なる波形をもち、火山地域で発生する特有の地震です。そのため、これらの地震を狭義の火山性地震ということができるかもしれません。広義の火山性地震は、狭義の火山性地震に火山構造性地震を加えたものです。火山地域で地震が群発しているとき、火山構造性地震のみが発生し、狭義の火山性地震が発生していないからといって「この地震活動は火山活動と関係ありません」と発表することがありますが、それは間違いです。

　火山構造性地震は、発生機構自体は一般的な地震と同じですから、その発生は断層にかかる応力場に支配されます。つまり、一般的な地震と同じように、地震の発生が潮汐力と関連しているように見えることもそうでないこともあります。ただ、火山地域では熱水が豊富にあることにより間隙水圧が高いことが多いため、地震の発生と潮汐力が相関している例が多く報告されています。特に、海水が地下に染み込むために間隙水圧が高いと考えられる中央海嶺では、潮汐力に影響されたと考えられる地震活動の例が多く報告されています。

　ただ、火山構造性地震と潮汐力の関係は必ずしも単純ではありません。一般的な地震は、潮汐力が伸長方向にはたらくときに、断層面上の法線応力が小さくなることから地震を発生させやすくなりますが、火山構造性地震は、逆に潮汐力が収縮方向にはたらくときに地震が発生しやすくなるという報告もあります。このことは、収縮方向にはたらく潮汐力により地下のマグマだまりが収縮し、マグマの剛性率が十分低い、つまり柔らかい場合にマグマだまりの収縮が周囲の岩石を伸長させることによって説明できます。

　火山地域に特有に発生する狭義の火山性地震と潮汐力の関係を議論した研究もあります。たとえば、2000年三宅島噴火では、マグマだまりのマグマが大量に北西方向へ流出したためにマグマだまりの圧力が低下し、火道にたまっていたマグマが約2ヵ月かけてマグマだまりへ戻っていき、その結果山頂付近に大きなカルデラが形成されたことがありましたが、そのときにマグマが火道内を移動することにより発生した傾斜ステップや火山性地震は潮汐力と関連していると報告されています。ただ、潮汐力が傾斜ステップや火山性地震を発生させるメカニズムについては理解されていないというのが現状です。また、地震観測点で観測される地震波動の振幅が噴火直前に限り約2

週間周期で振動し、約2週間の周期をもつ潮汐力の成分と関係があるという報告もされていますが、振幅がとりわけ大きいわけではないこの周期の潮汐力が地震活動に影響を与えるメカニズムを含め、観測された地震波動の振幅変化を発生させるメカニズムについては理解が進んでいません。このように火山性地震の発生機構は多様で、かつ完全に理解されていない部分もあるので、火山性地震と潮汐力の関係は包括的には理解されていません。

火山ガスの放出と潮汐の関係

火山ガスの放出量やその化学組成が周期的に変化するという観測は、1980年代から得られていました。その周期は観測によってまちまちで、潮汐力は無関係と思われる周期的な変化も多いですが、観測される周期は2週間程度が多いです。潮汐力には約2週間の周期をもつ成分もありますが、観測される周期が、なぜ半日や1日ではなく約2週間なのかは分かっていません。

マグマだまりと火道がつながっているシステム（**図 9.9**）を考えると、潮汐力がはたらくとマグマだまりが膨張・収縮します。それにともない、火道内のマグマの頭位は上下します。つまり、マグマだまりが膨張すると頭位は下がり、マグマだまりが収縮すると頭位は上がります。マグマだまりの頭位

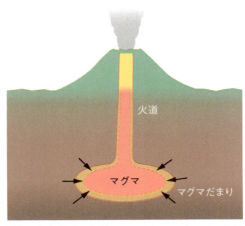

図 9.9 マグマだまりと火道がつながっているシステム。このシステムに収縮力がはたらくと、マグマの頭位は上がり、マグマに溶けている揮発性物質が放出される。

が上がるとその部分のマグマにかかる圧力が下がりますから、マグマに溶けている揮発性物質が放出され、地上で観測される火山ガスの放出量が増加します（**図9.9**）。火山ガスを放出したマグマは密度が上がりますのでマグマだまりへと沈んでいきます。この現象をマグマ対流といい、粘性の低い、もしくは中程度のマグマをもつ火山では普遍的に見られているものと思われます。

　潮汐力と火山ガス放出の関連について、概念的にはこのように説明できますが、火山によってマグマだまりの深さはさまざまであること、この概念的なモデルが観測によって必ずしも立証されていないことから、この概念的なモデルには改善の余地があるといえます。

第 **10** 章

地球温暖化は気温のみならず
気候変動による地球の変形

　気候変動といえば、近年の地球温暖化による気温の上昇が頭に浮かぶでしょう。気温の上昇と地球の変形と何か関係があるのかと思われるかもしれませんが、地球温暖化は地球の変形をもたらします。なぜなら、地球温暖化は極域の氷床の氷を溶かすために地球の質量分布を変えるとともに、地表の質量分布の変化に応じて地球が弾性変形するからです。また、より長い時間スケールでは、氷期が約 7000 年前に終了して地表での荷重がなくなったことによる地球の変形が現在でも続いています（**図 10.1**）。つまり、このような変形を観測することにより、地球の内部構造の情報を得ることもできます。ここでは、気候変動にともなう地球の変形から分かることについて解説します。

10.1　氷河時代・氷期・間氷期

　現在の地球の平均気温は 14 ℃前後です。東京の年平均気温は 16 ℃、大阪の年平均気温は 17 ℃、新潟の年平均気温は 14 ℃前後ですから、日本の現在の気温は、地域差はありますがおおむね世界の平均かやや暖かい程度であるといえるでしょう。しかし、地球の気温はその歴史を通じて一定であったわけではなく、氷期と後氷期を繰り返してきました。気候変動にともなう地球の変形について考える前に、地球の気候変動について考えてみましょう。

氷河時代
　地球はこれまでの約 46 億年の歴史の中で、寒冷な気候によって極域や高

123

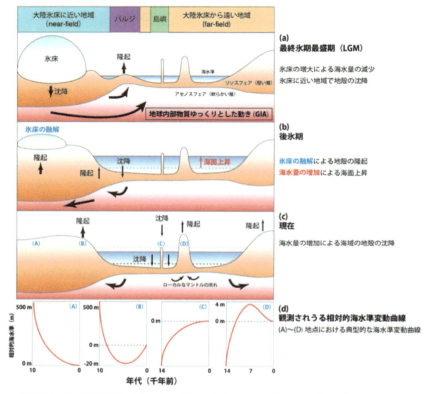

図 10.1　後氷期変動とそれぞれの地域の地表の変形の模式区。奥野（2018）より。

山域に氷河が存在している氷河時代とそうでない時代を繰り返してきました。現在見つかっている最も古い氷河時代は約29億年前のものです。現在は南極大陸・北極・およびグリーンランドに氷床がありますので、氷河時代であると考えられます。現在の氷河時代は約260万年前に始まったものであるという考え方と約4900万年前に始まったものであるという考え方があります。いずれにしても、現在の地球は地球の歴史の中では相対的に寒冷であるといえます。

氷期・間氷期

　地球史の中では現在は氷河時代に属し、地球史の中では比較的寒冷な時代であるということは先に述べましたが、氷河時代の中にも比較的寒冷な時期

と温暖な時期があります。比較的寒冷な時期を氷期、比較的な時期を間氷期と呼び、これらは数万年から数十万年周期で繰り返してきました。最も現代に近い氷期は約7万–1万年前の最終氷期と呼ばれる期間です。この繰り返しサイクルは、主に地球軌道の変化・地軸の傾き・歳差運動による日射量の時間変動が主な原因です。第8章8.1節で述べたように、1920年代から1930年代にかけてこのことを提唱したミルティン・ミランコビッチにちなんでミランコビッチサイクルと呼ばれます。

氷期と間氷期は数万年ほどかけて氷床が成長し（氷期）、1万年ほどで融解する（間氷期）という非対称なサイクルから構成されています（**図10.2**）。このような非対称性は、地球の粘弾性的な性質にその原因の一つがあります。もし地球が完全な弾性体であれば、氷床が融解して地表の重みがなくな

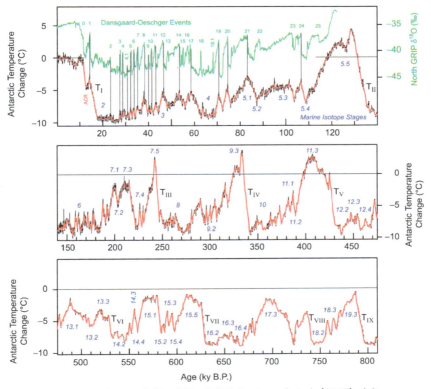

図10.2 過去80万年間の南極の気温変化。Jouzel et al. (2007) より。

第10章 地球温暖化は気温のみならず

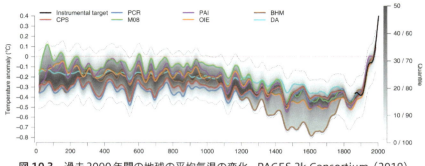

図10.3 過去2000年間の地球の平均気温の変化。PAGES 2k Consortium（2019）より。

ると即座に地表が隆起しますが、地球の粘弾性的応答により、実際には隆起に時間遅れが生じます。すなわち、氷床のなくなった地表は低い高度に保たれ、地表の温度は高い状態が続きます。そのため、氷床の融解はさらに加速します。

最新の氷期は約2万年前に最盛期（最終氷期最盛期）を迎え、その後融解が始まりました。そのため、現在は間氷期であるといえます。最終氷期最盛期以降、つまり最近約2万年を後氷期と呼ぶこともあります。過去の海水準変動を示す地質学的な証拠はこの時期に集中していますし、後に述べるような現在観測される重力変化や地表変形も、後氷期の氷床の融解によるもので、これを後氷期変動と呼びます。

より最近の気候変動に目を向けると、1世紀から10世紀前後までは温暖な気候でしたが、その後寒冷化が進み、14世紀半ばから19世紀半ばまで小氷河期と呼ばれる寒冷な期間が続きました（**図10.3**）。その後急激に温暖化が進んで現在に至っています。この急激な温暖化についてはいろいろなメディアなどで取り上げられているのでご存知の方も多いでしょう。

10.2 後氷期変動にともなう地球の変形の観測

地球の極域にあった氷床は約2万年前から融解が始まり、7000年ほど前まで続きました。もし地球が完全な弾性体であったなら、この荷重の変化に地球が即座に反応して極域が隆起しその他の地域が沈降し、大規模な融解が終

了している現在では何の変形も観測されないはずです。しかし実際には、10,000年以上前の地球の質量分布の変化に対応する変形が現在でも観測されています。これは地球の内部が粘弾性体であるからで、このような変形を後氷期変動といいます。後氷期変動を示す観測は海水準変化・極運動・重力変化・地表の変位などがありますが、1980年代以降は衛星による観測が主になっています。

後氷期変動の仕組み

後氷期変動を示す観測事実を紹介する前に、後氷期変動が発生する仕組みについて解説しましょう。**図 10.4a** に示すように、氷期で極域が氷床により荷重されているときには、荷重によって地球が弾性変形するだけでなく、粘弾性体のアセノスフェアが荷重の外側へ向かって流動するために地表は沈降します。逆に氷床が融解すると、荷重が減少するために極域の地表は隆起します（**図 10.4b**）。

融解した氷床は海水となって地球全体に広がるため、海水準が上昇します。そのため、海底の荷重は増加するために沈降します。極域の荷重の減少と海域の荷重の増加により、アセノスフェアでは海域の地下から氷床の地下

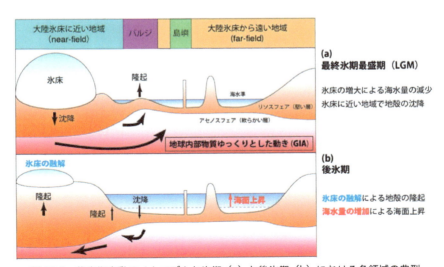

図 10.4 後氷期変動のメカニズムと氷期（a）と後氷期（b）における各領域の典型的な相対的海水準変動の模式図。奥野（2018）より。

への物質が流れていきます。アセノスフェアは粘弾性体ですので荷重変化への反応には時間遅れが生じるため、氷床の融解がほぼ完了してから約1万年後の現在であっても変動が継続しています。

海水準変動

気候が寒冷化すると氷床が増えるために海水が減少し、海水準面が低下します。逆に、気候が温暖化すると氷床が減少するために海水が増加し、海水準面が上昇します。過去の氷床の分布そのものを再構築することは困難ですが、海水準面高の時間変化を通して氷床の総量の時間変化を見積もることはできます。ただし、海水温の変化による海水の膨張・収縮の効果なども考慮する必要があります。

ここ数十年を除いて機器での観測は行われていませんから、過去の海水準面の高さは氷床から離れた地域の地形学的・地質学的証拠から求めることになります。しかし、特に遠い過去になるとそのような証拠も十分にありません。そのため、氷床の形状を決定するための数値モデリングなども援用して海水準面高の時間変化を求めています。**図 10.5** に過去約 35,000 年の海水準面の変化を示します。海水準面は約 20 万年から 30 万年前まで最も低く、現在よりも 100 m 以上低かったことが分かります。約 20,000 年前以降、氷床の融解により海水準面が上昇し、約 7000 年前に氷床の融解が完了して現在と

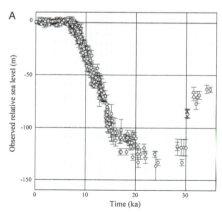

図 10.5 過去 35,000 年の海水準面の変化。左端が現在、右端が 35,000 年前を示す。Lambeck et al. (2014) より。

ほぼ同じ海水準面に達したことが分かります。

　海水準変動が機器によって測定されるようになったのは100年ほど前からのことで、潮位計を用いてのことでした。潮位計の仕組みについては4.2節で述べています。潮位計による観測では、陸上に置かれた検潮儀と海面との相対的な高さを測定しますが、地震や火山活動により地殻変動が発生した場合に、それが見かけの海面高の高さとなって測定されてしまいます。また、潮位計による観測は海岸でしかできないという問題点もあります。

　1990年代に人工衛星による海面高度計が登場し、海面高を面的に計測することができるようになりました。現在では海面高を10–20 mmの精度で計測することができます。**図10.6**に、海面高度計によって計測された1993年から2018年までの海面上昇速度を示しています。**図10.6a**は海面上昇速度の絶対値、**図10.6b**はその全球平均からのずれを示していますが、海水準は全地球にわたって上昇してはいるものの、その速度は地域によってばらつきがあることが分かります。現在の海面上昇速度の全地球での平均は3 mm/年ほどですが、そのうち海水温上昇による海水の膨張による寄与が1/3（1 mm/年）ほどを占めています。

地球の自転運動の変化

　8.2節および8.3節で述べたように、地球の質量分布が変化すると、極運動や自転速度変化が発生します。後氷期変動により極域が隆起しますが、これにより、地球の形は赤道方向に張り出しが少なくなる方向、すなわち球に近づく方向に変化します。言い換えると、地球の質量は自転軸の近くに集中することになります。このため、角運動量保存則により、後氷期変動は自転速度を上昇させる、つまりLODを短くする方向にはたらきます。8.3節で説明したように、潮汐力による海水と海底の摩擦（**図8.9**）によって期待されるLODの伸長は年間2.3ミリ秒ですが、実際に観測されているLODの伸長は年間1.8ミリ秒です。年間0.5ミリ秒の違いは後氷期変動による効果です。

　気候変動による地球の質量分布の変化は極運動ももたらします。後氷期変動が長期的なLODの変化をもたらすように、長期的な極運動ももたらします。天体観測を用いて、これまでにさまざまな研究によって長期的な極運動が推定されてきましたが、どの研究も地軸の北極に対する位置は北米大陸方

第 10 章　地球温暖化は気温のみならず

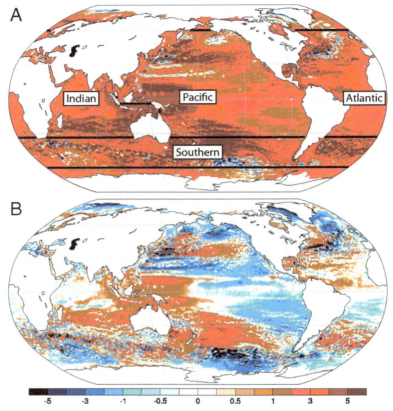

図 10.6　衛星によって観測された 1993 年から 2018 年にかけての（a）平均海面上昇速度および（b）その全球平均からのずれ。単位は mm/yr。Fausullo & Nerem (2018) より。

向に年間約 3–3.5 ミリ秒（約 0.1 m）の速さで移動していると推定しています。

　最近の地球温暖化による氷床の融解の加速は極運動の変化ももたらしています。**図 8.8** に示すように、地球の回転軸の位置は 2000 年代中盤までは北米大陸方向に向かって移動していましたが、それ以降、移動速度はあまり変化しないもののヨーロッパ大陸方向に向かって移動するようになりました。後氷期変動はこのような急激な変化をもたらしませんので、観測されたこのような変化は、氷床の融解の加速にともなう地球の質量分布の変化を反映しています。

10.2 後氷期変動にともなう地球の変形の観測

● 重力変化

　後氷期変動や最近の氷床の融解による地球の質量変化は重力変化としても観測されます。1990年代以前は重力観測といえば地上での観測しかありませんでしたが、21世紀に入ってGRACEやGOCEといった人工衛星による観測が始まって、もたらされる情報量は大きく増加しました。

　衛星による重力観測が行われる前から、SLRによる観測によって地球の形の赤道方向への張り出し度合いを表すJ_2項の時間変化が求められてきました。SLRによる観測が始められた1970年代から1990年代中頃まではJ_2項が年々減少している、すなわち地球の形が球形に近づいていました。氷床の融解によって極域にあった水が地球の全域に広がることだけを考えると地球はますます扁平になっていきそうですが、上に述べたように、氷床の融解による地球の粘弾性応答により極域が隆起しますから、その効果のほうが大きかったということです。しかし、1990年半ば頃からはJ_2項が増加に転じている、すなわち地球の形が扁平になってきています（**図10.7**）。これは氷床の融解が加速して、後氷期変動による極域の隆起による効果よりも、氷床の融解により水が地球全域に分配される効果が上回ったことによります。J_2項の時間変化には、この他に数年から10年程度の周期が存在しますが、これらは

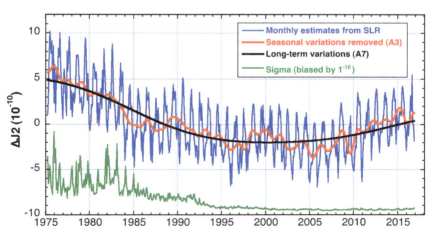

図10.7 J_2項の時間変化。青：SLRによって推定された月平均値。赤：青から季節変動を除いたもの。黒：長期的な変化。緑：推定誤差×10。Cheng & Ries (2018) より。

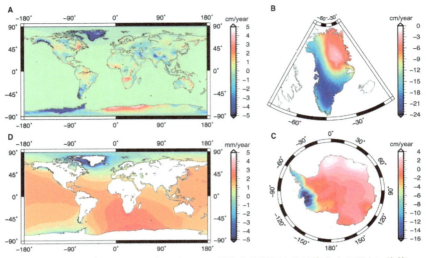

図 10.8 2002 年から 2015 年にかけての平均的な質量変化速度を水の厚さに換算したもの。(A) が陸域、(D) が海域の値を示す。Adhikari & Ivins (2016) より。

エルニーニョ現象など、より短期的な大気海洋現象による質量再分配によるものと考えられます。

衛星重力観測は、200–300 km の空間分解能での観測が可能ですから、J_2 項の変化のような長波長の重力変化だけでなくより短波長の重力変化をとらえることができます。**図 10.8** に、2002 年から 2015 年までの平均的な質量変化速度を水の厚さに換算して示しています。陸域ではグリーンランド・アラスカ・パタゴニア・西南極で質量が顕著に減少しています。これは氷床の融解のためです。それに対して東南極で質量がやや増加していますが、これは気候変動により東南極での積雪量が増加したためです。海域ではグリーンランド周辺で質量が減少していますが全体的に質量の増加が見られます。これは氷床の融解により水が地球全体の海域に再分配されたためです。グリーンランド周辺での質量の減少は、後氷期変動による隆起が顕著であるためにこの領域の海水が他の領域に移動したためです。

地表の変位

今までに述べたように、後氷期変動は極域を隆起させます。隆起は数千

kmもの範囲に及びますので、衛星測地技術が登場する以前はこの隆起を直接計測することは困難でしたが、衛星測地技術の登場により、後氷期変動にともなう極域の地表変形の全貌を観測できるようになりました。

広範囲に及ぶ後氷期変動を観測するにはSARではなくGNSSが最適です。北米大陸北部・北欧・南極では最大で年10 mmを超える隆起が観測されています（図10.9）。なお、南極では大きな後氷期変動は西南極に集中しており、東南極の後氷期変動は大きくありません。ただし、東南極には現地へのアクセスが困難なことによる広大な観測空白域があります。

また、冬季の氷床の蓄積と夏季の融解による地下浅部の弾性変形に起因す

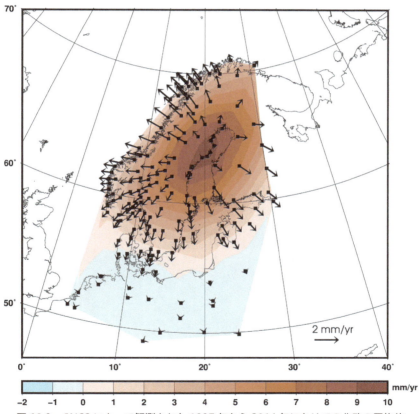

図10.9 GNSSによって観測された1997年から2014年にかけての北欧の平均的な変位速度。水平変位をベクトルで、鉛直変位を色で示す。Kierulf et al. (2021) より。

る最大で年10 mmを超える年周変動も見られます。また、後氷期変動にともないかつて厚い氷床のあった場所を中心に外向きの水平変動が発生しますから、GNSSによって観測される水平変位を観測することにより、かつて厚い氷床のあった場所について大まかなことが分かります。

近年の地球温暖化は氷床の融解だけでなく永久凍土の融解ももたらします。永久凍土が融解すると、融解した氷は水となって外部に流出しますので地表は沈降します。このような地表の変形は建造物の倒壊などをもたらしますので、その地域に住む人にとっては大きな問題となります。永久凍土の融解は局所的な現象ですので、空間分解能の優れたSARによって観測されます。たとえば東シベリアなどの永久凍土の存在する地域では近年永久凍土の融解が進み、局所的に年20 mmを超える沈降が観測されています（**図10.10**）。

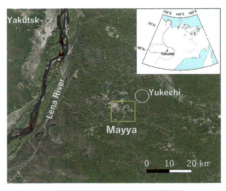

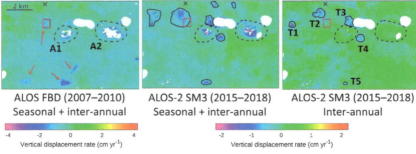

図10.10 シベリアにおける永久凍土の融解にともなう局所的な地表沈降の観測、（上）沈降が観測された場所。（下）SARにより観測された沈降速度の分布。Abe et al. (2020) より。

10.3 後氷期変動から分かる地球の内部構造

　ここまで述べてきたように、後氷期変動にともなう変動は地質学的証拠として残されたり現代の観測機器によって地表変位や重力変化として観測されたりします。このような変動は氷床の融解による地球の粘弾性応答ですから、後氷期変動による地表での観測から地球内部の粘性率の分布を推定することができます。地球内部の粘性率を求める方法は、後氷期変動を用いる方法以外には、実験室で地球を構成する物質を高温高圧にして粘弾性パラメータを計測する方向や、ジオイドの空間分布から地球内部の相対的な粘性率を求める方法など限られたものしかありません。第11章で述べるように、大地震のあとに発生する余効変動から粘性率を求めることもできますが、大地震は地球浅部で発生しますから、余効変動からはせいぜい上部マントル浅部までの粘性率しか求めることができず、上部マントルの大部分や下部マントルの粘性率を求めることはできません。そのため、特に地球深部の粘性率を推定するには後氷期変動の観測を用いることが重要です。ここでは、後氷期変動から求められる地球内部の粘弾性構造について解説します。

地球の粘弾性構造

　地球の最浅部の地殻と上部マントル浅部はリソスフェアと呼ばれ、弾性的に振る舞います。つまり、粘性率は非常に高くなっています。リソスフェアの下には、深さおよそ 200 km 程度まで地震波速度の低い層が広がっています（**図 3.2**）。この部分の粘性率を求めるには、湖の干上がりや、短い波長の海面変動など、空間的に比較的小規模の現象の観測を用いる必要があります。求められた粘性率は 10^{19} から 10^{20} Pa·s 程度で、その下部の上部マントルの粘性よりも 1 ケタ程度小さくなっています。第11章に示すように、大地震の余効変動からもこの領域の粘性率を求めることができますが、求められた粘性率はやはり 10^{19} から 10^{20} Pa·s 程度です。火山地域などで局所的にこれよりも 1 ケタから 2 ケタ程度低い粘性率が推定されることはありますが、このような低い粘性率はあくまで局所的なものであると言えます。

　アセノスフェアよりも深い上部マントルの粘性率は、空間的により大きな

第 10 章　地球温暖化は気温のみならず

現象の観測を用います。たとえば、北欧の中小規模の氷床の融解や、より長波長の海面変動の情報などが、下部マントルの粘性率の情報をもっています。求められた粘性率は 10^{20} から 10^{21} Pa·s 程度で、1 ケタ程度の地域差がありますが、アセノスフェアよりは 1 ケタ程度高い粘性率をもっています。深さ 400 km 程度から上部・下部マントル境界の 670 km 程度までの深さには、マントル遷移層と呼ばれる高粘性領域が存在することが物性科学の知見から期待されていますが、後氷期変動からはマントル遷移層での高粘性領域は検出されていません。後氷期変動から求める粘性率の分布にそこまでの分解能がないからかもしれませんし、地震学や物性科学で問題する時間スケール（年以下）と後氷期変動で扱う時間スケール（数千年）とが異なるせいかもしれません。

　深さ 670 km 以深の下部マントルの粘性率は空間的にさらに大きな現象の観測を用います。たとえば、北米大陸北部に存在した世界最大規模の氷床（ローレンタイド氷床）の融解にともなう後氷期変動や、地球の赤道方向への張り出し具合を表す J_2 項の時間変化が下部マントルの粘性率についての情報をもっています。これらの情報から求めた下部マントルの粘性率は 10^{20} から 10^{21} Pa·s 程度で、上部・下部マントル境界での粘性率の変化は 2 ケタ程度あります。しかし、このような粘性率の不連続は上部・下部マントル境界ではなく深さ約 1,000 km などもっと深くに存在してもよいという研究があるなど、下部マントルの粘性構造ははっきりとは決まっていません。

10.4　豪雨・豪雪・干ばつによる地球の変形

　ここまで 1000 年・1 万年といった長い時間スケールの気候変動について議論してきましたが、ここではもっと短いスケールの気象現象、すなわち豪雨・豪雪・干ばつといった現象にともなう地表の変形について考えてみましょう。GNSS や SAR によって空間的にも時間的にも密な観測が行われるようになると、観測を始めたときには想定していなかった変形が観測されるようになりました。豪雨・豪雪・干ばつにともなう地表の一時的な変形がその一つです。これら地表を変形させるだけでなく、地表の変形を通して地震活動にも影響を与えます。ここでは、このような変形の観測を通して分かった

ことについて解説します。

荷重による地球の変形

　豪雨や豪雪が地球を変形させるのはなぜでしょうか。基本的には地表への荷重が地球を弾性変形させるからです。その点では第9章で扱った海洋潮汐による変形とメカニズムは基本的に同じです。ただ、海洋潮汐は海での荷重がもたらす変形ですので、陸域での変形は海岸の近くに限定されるのに対して、雨や雪は陸域のどこにも降りますし、海に降った雨や雪は海の一部となって拡散していきますので、変形は陸域に集中します。また、降雨や積雪のもたらす荷重はせいぜい数ヵ月程度しか続きませんから、弾性変形だけを考えれば十分です。

　では、降雨や積雪により観測される変形はどの程度でしょうか？　ここでは1mの積雪があったとしましょう。新雪の密度は30–150 kg/m^{3}程度、しまった雪の密度は200–500 kg/m^{3}程度ですが、ここでは雪の密度を400 kg/m^{3}としましょう。すると、地表にかかる応力は400 kg/m^3×9.8 m/s^2×1 m〜4 kPaとなります。この応力は高気圧と低気圧の圧力差（約40 hPa＝4 kPa）と同程度です。導出過程は省略しますが、積雪や降雨による荷重により最大で10–20 mmの上下変動と数mmの水平変動が観測されます。GNSS観測は上下成分のノイズが大きいですから、期待される変位量はノイズレベルをわずかに上回る程度です。

豪雪による地球の変形

　GNSSによる連続観測が日本列島で開始されてすぐに、観測された各観測点の時系列に顕著な年周変化が見られることが明らかになりました。この年周変化が積雪による弾性変形であると最初に主張されたのは2001年のことです（**図10.11**）。東北日本では積雪の多い場所で冬に沈降し夏に隆起するという季節変動が見られ、また日本海岸と太平洋岸のGNSS観測点の距離は冬に短縮し夏に伸長するという季節変動が見られます。この観測は冬から初春にかけての積雪とその後の融解によってよく説明できます。日本では日本海側では世界でも屈指の積雪量があるのに対して太平洋側では積雪が少なく、そのために地表の変形が局所的に観測されることから、このような観測

第10章 地球温暖化は気温のみならず

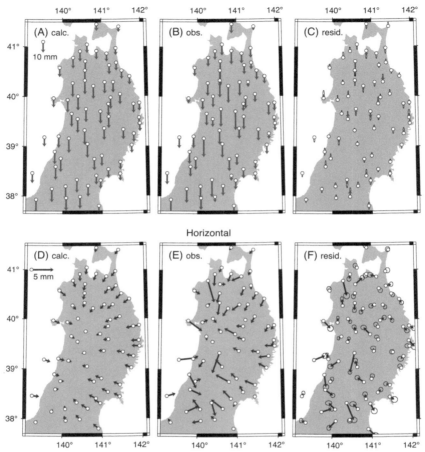

図 10.11 GPS により計測した東北地方の地殻変動の年周変化、3月15日の8月15日に対する変化を示す。(A) 積雪による弾性変形がつくる上下変位。(B) 観測された上下変位。(C)(A) と (B) の差。(D-F)(A-C) と同じだが水平変位を示す。Heki (2001) より。

が可能であったといえます。

　しかし、このような観測は日本以外ではほとんど行われていません。日本列島の日本海側のように積雪量の多い地域は他にもありますが、そのような地域では GNSS 観測が密に行われていないこと、日本以外で GNSS 観測が密に行われている地域、たとえば北米大陸西海岸や台湾では積雪がほとんどないか少なくとも日本ほどは多くないからです。

積雪による地表変形はそれほど大きくありません。上にも述べたように、1 m の積雪があっても上下変動は 10–20 mm、水平変動は数 mm です。これは GNSS の計測精度をわずかに上回る程度です。そのため、積雪による地表変形を高精度に計測するためには高精度の時系列が必要です。高精度の時系列を得ることによって、より少ない積雪にともなう地表変形を検出することができる可能性があります。このような変形を観測することは、地上観測では得られない空間分解能で積雪の分布を明らかにできる可能性がありますし、積雪域の地下浅部の構造を明らかにすることができるかもしれません。

豪雨による地球の変形

ここまで豪雪による地球の変形を議論してきましたが、豪雪だけでなく豪雨も地表に荷重を加えます。しかし、雪はある程度の時間同じ場所にとどまるのに対して、雨は同じ場所にとどまらず流れていきますので事情はより複雑です。また、降雨による地表変形は一般的に大きくありません。先ほど 1 m の積雪にともなう地表変形について議論しましたが、雪の密度を 400 kg/m^3 と仮定しましたから、1 m の降雪は 400 mm の降雨に相当します。近年集中豪雨が増えているとはいえ、一気に 400 mm の降雨があることはそう頻繁にあることではありません。また、降水の多くは地下や川などに流出していくことを考えると、観測されるほどの地表の変形をもたらすためにはかなり多くの降水が必要であることが分かります。それでも、降水による地球の変形の観測はいくつかあります。ここでは北米大陸と日本列島での観測を一つずつ紹介します。このような観測によって、将来的には降水の輸送についてのより深い知見が得られるものと考えられます。

2017 年 8 月、ハリケーン・ハービーはカリブ海諸国に大きな被害をもたらした後に米国テキサス州およびルイジアナ州に上陸しました。このハリケーンにより、テキサス州ヒューストンでは 7 日間で最大 1540 mm もの降水が観測され、1,250 億ドルもの経済損失がもたらされました。

この豪雨にともないテキサス州南部では最大 20 mm ほどの沈降が観測され、それが元の状態に戻るまで数週間かかりました（**図 10.12**）。この観測は、降水の 3 割ほどに当たる約 25 km^3 ほどの水による荷重によって説明できます。残りの 7 割は川などに流出したことにより地球を変形させることには

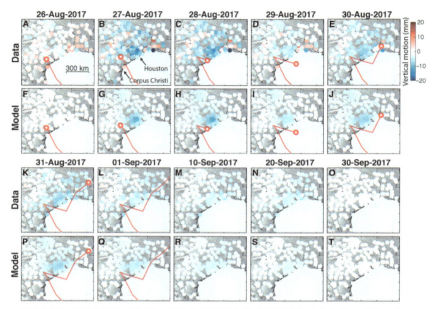

図 10.12 2017 年 8 月にアメリカ合衆国に大きな被害をもたらしたハリケーン・ハービーのもたらした降水による地表の変形。観測とモデルを比較している。赤線はハリケーンの軌跡を示す。Milliner et al. (2018) より。

寄与していません。

　降った雨は地中に浸透していきますから、地中の空隙に水が満たされ、それが隆起をもたらすのではないかと思う人もいるかもしれません。第 11 章の余効変動のメカニズムで紹介する poroelastic rebound と同じメカニズムです。このケースでは地下水位も計測していて、降雨によって地下水位は上昇するのですが、それによって予想される地表の隆起はごくわずかで、観測された地表変形はほぼ地表への水の荷重によるものであることが分かりました。

　このような豪雨による地表の変形は日本でも観測されました。2019 年台風 19 号は 10 月 12 日に伊豆半島に上陸し、10 月 11 日から 12 日にかけて東日本に記録的な降水をもたらしました（令和元年東日本台風）。観測された降水量は最大 942.5 mm（神奈川県箱根町）で、東日本の広い範囲で 500 mm を超える降水が観測されました。

　この集中豪雨にともない、GEONET 観測点では中部地方から東北地方の

広い範囲で最大15 mmほどの沈降が観測されました。この沈降は、上に示した例と同様に降水による地表への荷重によるものと考えられますが、この台風のもたらした東日本への総降水量が約33 km³であるのに対して、地表変形から予想される水の荷重体積は約71 km³と約2倍になりました。これは日本列島の地形が急峻であること、観測の利便性のためにGEONET観測点が主に平野部、すなわち周囲よりも標高の低いところにあることが多いため、山間部への降水がGEONET観測点の多数ある平野部に素早く集まりやすいことによると考えられます。また、ハリケーン・ハービーによる沈降は数週間かけて元に戻ったのに対して、令和元年東日本台風にともなう地表変形はほとんど1日で元に戻っています。この違いは、日本列島の急峻な地形により陸域の降水が素早く海や川へ流出することによると考えられます。

このように平坦な地形の北米大陸と急峻な地形の日本列島では豪雨にともなう地球の応答が異なります。より研究を進めることによりGNSS観測により陸域の水輸送の地域差をモニターできる可能性があります。

地表変形や地震活動の季節変化

地震活動に季節性があるのではないかという議論は100年以上前から行われてきました。実際に、日本では北海道・三陸での大地震は2月から5月、特に3月に多く、宮城沖・相模・駿河・南海トラフでの大地震は9月から1月、特に12月に多いということが統計的に示されています。

季節変化は地球の自転軸が交点軸に対して傾いていることによるもので、それ自体は地震発生と関係がないように思えます。しかし、最近の研究により、季節変化に起因する雪の地表への荷重をはじめとした水の輸送が地震活動の季節変動をもたらしていることが明らかになってきました。

東北地方では、積雪の多い日本海側では積雪が溶けた後の春から夏にかけて大きな内陸地震が多く発生するという季節性があるのに対して、積雪の日本海側では地震活動の季節性はないのですが、国立天文台（当時）の日置幸介は、積雪による地表への荷重がもたらす応力変化がGEONETで観測される地表の変形と地震活動の季節変化として現れていると提唱しました。

確かに積雪や水の輸送による地表への荷重は変形をもたらしますが、変形量はノイズレベルをわずかに上回る程度であることも多いです。また、応力

変化はせいぜい 10 kPa 程度で地震活動の季節変動は数十％程度ですので、地震活動の季節変動をはっきりと観測するためには、大地震だけでなく、より多く発生する小さな地震も用いる必要があります。しかし、小さな地震はより大きな地震の余震としても発生しますので、地震活動の時間変化を評価するためには、そのような余震は除去しなくてはなりません。

　近年、このような問題は、GRACE の登場や余震を除去する手法の開発によって解決されようとしています。GRACE は重力を計測していますから、水などの輸送に敏感です。また、余震と背景地震活動を統計的手法で区別する手法の開発により、より発生数の多い小さな地震を背景地震活動の評価に用いることができるようになり、地震活動の小さな変化も観測することができるようになりました。

　このような背景から、近年地震活動の季節変動と水の輸送による応力変化の関係について議論した研究が多く見られるようになっています。たとえば、山陰地方では春と秋には夏や冬よりも 50 ％ほど地震が多いという研究があります（**図10.13**）。春に地震が多いのは雪解け水の荷重によるもの、秋に地震活動度が高いのは夏の降雨により浅部の間隙水圧が上がり断層がすべりやすくなったことによるものだと解釈されています。間隙水圧が上昇すると断層がすべりやすくなるのは、乾いた手をこすり合わせるよりも水で濡れ

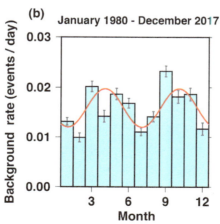

図10.13　山陰地方における 1980 年から 2017 年までの地震活動の季節変。大地震の余震は除去している。春と秋に地震が多いことがわかる。Ueda & Kato（2019）より。

た手をこすり合わせたほうがすべりやすいことを考えれば分かりやすいでしょうか。

しかし、地表変形の年周変化と地震活動の年周および半年周変化の関係はそれほど単純ではなさそうです。たとえば、地表変形は水の輸送などにともなう応力変化をそのまま反映しますが、地震活動は必ずしもそうではありません。地震活動の年周変化が地表変形のそれと同位相である場合もあれば、地震活動のピークが地表変形のもたらす応力変化のピークより数ヶ月遅れる場合もあり、さらに、地表変形が年周変化するにもかかわらず上に示した山陰地方の例のように地震活動は半年周期を示すなどさまざまな例があります。さらに、水の輸送にともなう応力変化はせいぜい 10 kPa ほどで、そのような小さな応力変化そのものが地震活動を変えうるのか、または応力変化によって誘発された何かが地震活動を変化させているのか、という疑問も未解決です。

このように、地表変形や地震活動の季節変化のメカニズムを明らかにするためには課題が多く残されていますが、この課題を明らかにすることは地震発生のメカニズムについて示唆を与えることになると考えられるので、今後重要な研究テーマになるでしょう。

干ばつによる地球の変形

ここまで豪雨や豪雪による地球の変形について議論してきましたが、では逆に干ばつが発生したときに地球はどのように変形するのでしょうか？

米国カリフォルニア州では、21 世紀に入ってから干ばつの頻度が高まり、2005 年から 2021 年にかけて間欠的に干ばつが続いていました。カリフォルニア州は太平洋プレートと北米プレートの境界域で地震が多く発生することもあり地殻変動観測は密に行われていますから、カリフォルニア州の干ばつにともなう地殻変動の研究は盛んに行われています。

日本など世界の他の地域と同じく、カリフォルニア州の地殻変動にも年周変化はあります。年周変化の主な原因は降水の地表への荷重です。カリフォルニア州では冬に日本ほどではないものの降水量が多く、夏はほとんど雨が降りません。そのため、降水が川などに流出せずそのまま地表への荷重となるのであれば、冬季に沈降・収縮が夏季に隆起・伸長が観測されそうです。

143

実際にカリフォルニア州ではそのような変動が観測される地域が多いですが、そうでない場所もあります。このことは、降水の地下での輸送なども地表変形に大きな役割を果たしていることを示します。

干ばつが発生すると地表への水の荷重が減少しますから、地表は隆起します。実際にカリフォルニア州の山間部には、干ばつの夏季に約15 mm隆起した地域もあります。また、干ばつが発生すると地表に荷重する水の量が減りますから、地表変動の年周変化も少なくなります。実際、干ばつの年の地表変位の年周変化は干ばつでない年の半分以下です（**図10.14**）。ただ、観測される干ばつ期の地表変位の年周変化を説明するためには、干ばつ期に地表付近だけではなく地下深部に存在した水も失われていると考えないと説明できません。このことは、現在カリフォルニア州で進行している干ばつは水資源に長期的な影響を与える可能性があることを示しています。

カリフォルニア州では2005年頃から干ばつが間欠的に継続したのち、2011年から本格的に再開しましたが、それと同時にカリフォルニア州東部のロングバレー火山での山体膨張が始まりました。山体膨張の原因は地下10 km程度でのマグマや熱水だまりの膨張と考えられますが、地表での荷重の減少が地下10 kmのマグマや熱水の動きに影響を及ぼすとすれば興味深いことです。現在のところ干ばつが火山の山体膨張をもたらすメカニズムは分

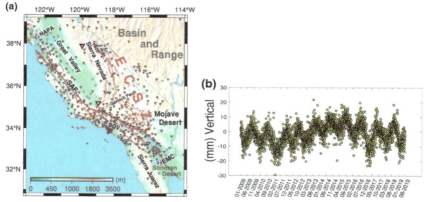

図10.14 カリフォルニア州のあるGNSS観測点（左図に赤い逆三角形で場所を示している）における上下変動の季節変化。降水量の多い冬に沈降し少ない夏に隆起している。また、2012年から2015年までの干ばつ期には隆起がみられる。Kim et al. (2021) より。

かっていませんが、今後の研究が待たれます。

　ここまで、カリフォルニアでの干ばつにともなう地表変形について解説してきましたが、それでは、同様なことは日本でも観測されるでしょうか？日本でも積雪や降水による地表変位の年周変化は観測されていますが、年による年周変化の振幅の変化はあまり大きくありませんし、そもそも極端な干ばつは日本では発生していません。もし大規模な干ばつが発生したとしても、日本では地形が急峻であるために、そもそも降雨があったとしても速やかに海へ排出されてしまいますから、カリフォルニアで観測されるようには地表変位が観測されないかもしれません。

第11章

地殻変動観測が明かした地球の姿
地震による地球の変形

　地球上の地震活動は時に多くの被害をもたらします。世界では年に約1回の割合でマグニチュード8の地震が、年に約10回の割合でマグニチュード7の地震が、年に約100回の割合でマグニチュード6の地震が発生します。日本ではそのうちの約1割が発生する地震大国です。**図11.1**に示すように大きな地震が発生すると地球が変形し、地表での観測によりそれを検知することができるとともに、地表変形の観測から地震のメカニズムを理解することができます。ここでは地殻変動観測により明らかになった地震やそれに関連する現象の姿について紹介します。

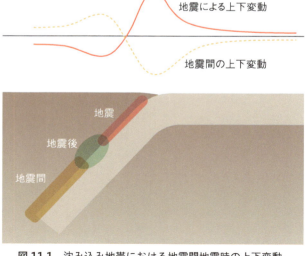

図11.1　沈み込み地帯における地震間地震時の上下変動。

11.1 そもそも地震とは何か

そもそも地震とは何でしょうか？　そして、地震はどこで発生するのでしょうか？　地震による地殻変動について議論する前に、まずはこれらについて知っておく必要があります。ここでは地震の基本的な性質について解説します。

地震と断層運動

地震は古代から人々の関心を集め、2世紀には中国で世界最古の地震計がつくられていましたが、日本では古代から江戸時代末期に至るまでナマズが身体を揺することによって地震が発生すると信じられていたなど、地震発生のメカニズムが多少なりとも明らかになったのは最近のことです。

地震が断層運動の結果として発生するということは現在では定着した知識ですが、その証拠が初めて示されたのは1891年濃尾地震（マグニチュード8.0）によってです。この地震にともなう断層運動は地表に達し、根尾谷断層にずれが生じました（図 11.2）。その後、1906年サンフランシスコ地震にと

図 11.2　　1891年濃尾地震によって生じた断層。Koto (1893) より。

もなう地表変形の観測から、断層にたまった弾性ひずみが地震によって解放されるという弾性反発説がハリー・フィールディング・リードによって提唱されました。このようにして、地震が断層運動の結果であるという知見は定着していきました。

プレートテクトニクスと地震活動

では、地震は地球上のどこで発生するのでしょうか？　**図11.3**に示すように、地震は地球上にまんべんなく発生するわけではなく、主にプレート境界に局在化しています。第8章で述べたように、地球表面では数十枚のプレートがありそれぞれが相対運動しているため、プレートとプレートの境界ではひずみが蓄積します。それを解消するために地震が発生するために、地震は主にプレート境界で発生します。

日本列島周辺には4枚のプレートがひしめきあっています（**図11.4**）。それぞれのプレート境界では巨大地震を含む地震が発生します。2011年東北地

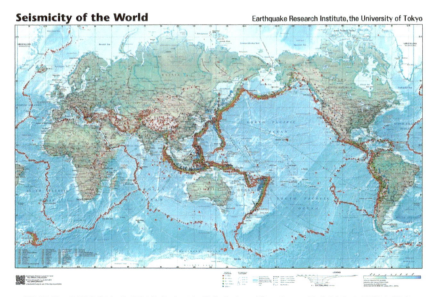

図11.3　2009年から2017年までに発生したマグニチュード5以上の地震の震央分布。自身の深さによって色分けされている。（https://www.eri.u-tokyo.ac.jp/gallery/6491/より）

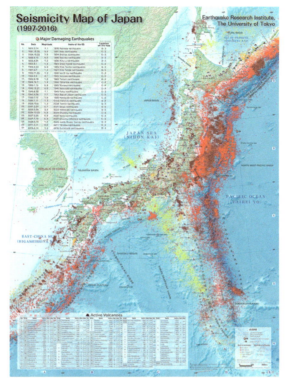

図 11.4 日本周辺で 1997 年から 2016 年までに発生したマグニチュード 3 以上の地震の震央分布。地震の深さによって色分けがされている。(https://www.eri.u-tokyo.ac.jp/gallery/5233/より転載)

方太平洋沖地震・1946 年南海地震・1944 年東南海地震・1923 年関東地震などがその一例です。日本列島およびその周辺は地球上の 0.5 ％から 1 ％ほどの面積しか占めていませんが、世界の地震の約 1 割は日本列島周辺で発生しています。

11.2 地震間の変形

　地震は主にプレート境界で発生します（**図 11.3**）。プレート境界周辺では二つのプレートの相対運動によりプレートが変形して応力が蓄積し、地震によってそれが解放されています。そのために、プレート境界付近では大きな

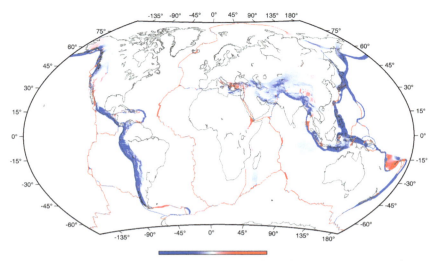

図 11.5 GPS 観測によって求められた世界のひずみ速度の体積変化成分。赤が膨張、青が収縮を示す。地震などによる過渡的な変化は除去している。Kreemer et al.（2014）より。

ひずみ速度が観測されます。実際、GNSS および地震観測を組み合わせることによって、世界のひずみ速度分布が求められています（**図 11.5**）。また、**図 11.3** と**図 11.5**からは、地震活動や高いひずみ速度が見られる幅が地域によって異なることも分かります。たとえば、チベットや西アジアや日本付近では大きなひずみ速度が比較的広い地域にわたって観測されることが分かります。このような地域性は、プレート境界における二つのプレートの運動様式の多様性によるものです。プレート境界における二つのプレートの相対運動は発散・収束・横ずれの大きく三つに分けられますが、この三つに分けてプレート境界での地震間の変形について解説します。

収束プレート境界

まずは日本列島周辺で見られる収束プレート境界について考えてみましょう。発散プレート境界で誕生したプレートは、地球表面を移動して収束境界に至ります。収束プレート境界では、プレートの相対運動によって蓄積された応力を解放するための地震が発生し、巨大地震のほとんどが収束プレート境界で発生しています。日本列島周辺のプレート境界は全て収束プレート境

界で、2011 年東北地方太平洋沖地震・1946 年南海地震・1944 年東南海地震
などマグニチュード 8 を超える巨大地震が多数発生してきました。

　収束プレート境界では、両者のプレートの密度に差がある場合には密度が
高いほうのプレートが密度の低いほうのプレートの下に沈み込みます。プ
レートが沈み込むと、沈み込まれるほうのプレート（上盤側のプレート）は
沈み込むプレートに引きずり込まれます。そのため、上盤側のプレートには
応力がかかります。地表で観測していると、上盤側のプレートは沈み込むプ
レートに押されるような運動が見られます。**図 11.6** で東北日本が西へ移動
しているのは東から沈み込む太平洋プレートに押されているため、西南日本
が北西に移動しているのは南方から沈み込むフィリピン海プレートに押され
ているためです。また、**図 11.5** のように日本列島が圧縮のひずみ速度をも
つのも同じ理由です。プレートの沈み込みにより蓄積した応力は大地震に
よって解消されます。そのときは地震間に見られる**図 11.6** のような変位場
とは逆に、上盤側はプレート境界に向かって変位します（**図 11.7**）。

　実際の沈み込み帯では、プレート境界の走向（そうこう）に対して必ずしも垂直にプ
レートが沈み込んでいるわけではありません。多くの沈み込み帯では、プ
レート境界の走向に対して斜めにプレートが沈み込んでいます。たとえば東
北日本では、プレート境界である日本海溝の走向に対して、太平洋プレート
はやや南側から沈み込んでいます。また、西南日本では、プレート境界であ
る南海トラフの走向に対してフィリピン海プレートはやや東側から沈み込ん
でいます。そのような場合プレート境界には圧縮の力だけではなく、横ずれ
の力もかかることになります。上に挙げた東北日本の場合には左横ずれ、西
南日本の場合には横ずれの力がかかります。

　プレートが海溝の走向に対して垂直に沈み込む場合には、蓄積された応力
は逆断層の地震として解放されます。では、プレートが斜めに沈み込む場合
には、蓄積された応力は逆断層成分と横ずれ成分とが混合した地震によって
解放されるのでしょうか？　もしプレート収束速度がプレート境界の走向と
垂直に近い場合はそうなりますが、プレート収束速度がプレート境界の走向
にたいして斜めである場合、つまり横ずれ成分が大きい場合には必ずしもそ
うはならず、大雑把にいうと、プレート境界でプレート収束速度の海溝と垂
直の成分が逆断層地震として解放され、内陸の横ずれ断層でプレート収束速

第 11 章 地殻変動観測が明かした地球の姿

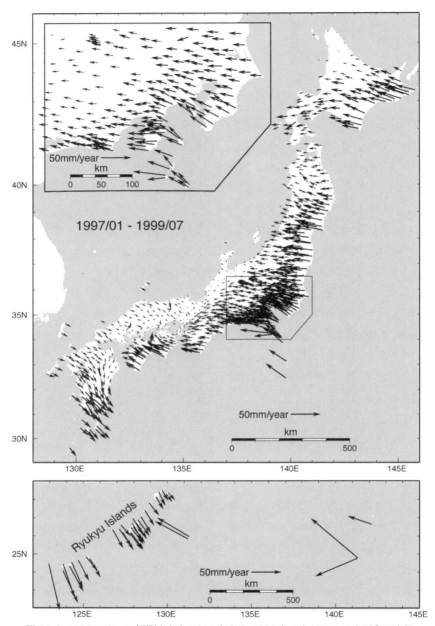

図 11.6 GPS によって観測された 1997 年から 1999 年にかけての日本列島の水平変動。ユーラシアプレートの安定地塊を基準とした速度場になっている。この時期に大きな地震は発生していない。Sagiya et al. (2000)、Sagiya (2004) より。

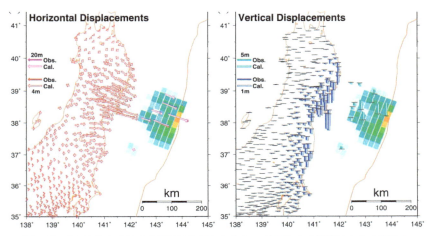

図 11.7 2011 年東北地方太平洋沖地震にともない GPS により観測された水平および鉛直変位。断層すべり分布およびそれから予想される変位場も掲載している。Iinuma et al. (2012) より。

度の横ずれ成分が解放されます。これをすべり分配といいます。この場合、沈み込まれる側のプレートはプレートの収束方向に押されていきますが、プレート境界での地震のすべり方向は海溝の走向にほぼ垂直な方向になります。

すべり分配が見られる典型的な例はスマトラ島（インドネシア）です。ここではインド・オーストラリアプレートがスマトラ島の下に斜めに沈み込んでいます。プレート境界では 2004 年スマトラ沖地震のような巨大な逆断層地震が発生します。内陸にはスマトラ断層という 1,700 km にもわたる大きな右横ずれ断層があって、プレート収束速度の多くはここで解消されています。スマトラ断層の浅部は固着していますが、深部は年間 15 mm 程度の速度ですべっています。マグニチュード 7 の地震の断層すべり量は 1 m 程度なので、大まかに計算するとスマトラ断層のある領域では約 100 年に 1 回程度マグニチュード 7 程度の地震があることが予想されます。

西南日本のプレート境界も斜め沈み込み帯の例で、内陸には日本最大の活断層である中央構造線が四国を東西に横切っています。中央構造線のすべり速度は最大でも年 7 mm 程度と推定され、プレート収束速度の横ずれ成分よりもかなり小さいです。そのため、プレート収束速度の横ずれ成分はプレート境界もしくは他の部分で解消されていると推測されます。ただ、南海トラ

フ周辺での地震活動は低調で、現在の観測からプレート境界での地震のすべり方向を精度よく推定することは困難です。東北日本ではプレートが海溝に対して垂直に近い角度で沈み込んでいることもあり、すべり分配は発生していません。

　ここまでは海洋プレートが大陸プレートや日本列島のような島弧に沈み込む状況を考えてきました。この場合、沈み込むプレートは沈み込まれるプレートよりも薄く密度が高いですから、海洋プレートはスムーズに沈み込むことができます。沈み込まれる側のプレート変形はせいぜい数百 km 程度しか及びません。しかし、沈み込むプレートが大陸プレート的性質をもっている場合、すなわち海洋プレートよりも厚く密度が低い場合には、プレートはスムーズに沈み込むことができません。そのような場合には、沈み込むプレートは沈み込まれるプレートを押して大きく変形させながら沈み込みます。このようなプレートを衝突境界ともいいます。

　プレート衝突境界の典型的な例はヒマラヤ山脈です。ここではインド–ユーラシアプレートにインド–オーストラリアプレートが年間約 50 mm の速度で衝突しながら沈み込んでいます。インド–オーストラリアプレートの多くの部分は海洋プレートですが、ユーラシアプレートに衝突しているインド亜大陸部分は大陸プレートで、ユーラシアプレートにスムーズに沈み込めないため、ユーラシアプレートを圧縮しながら沈み込んでいます。その結果標高 8,000 m を超えるヒマラヤ山脈が形成されました。衝突境界においてもプレート境界で蓄積した応力を解放するために地震が発生します。実際に、ヒマラヤ山脈では 2015 年ネパール地震（マグニチュード 7.8）などの大きな地震がたびたび起きています。

　衝突の影響が及ぶのはプレート境界に近いチベット高原にとどまりません。チベット高原東部ではユーラシアプレートが時計回りに回転していて、中国南西部やインドシナ半島ではユーラシアプレートが南東方向に運動しています（**図 11.8**）。それにともなうひずみを解消するための地震も多数発生していて、2008 年四川地震（マグニチュード 7.9）がその一例です。

　インド・オーストラリアプレートとユーラシアプレートの境界ほど大規模ではありませんが、日本にも衝突プレート境界があります。伊豆半島北端部です。伊豆半島は日本列島に南東方向から年間数十 mm の速度で沈み込む

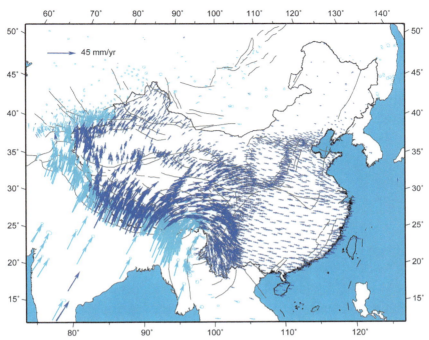

図 11.8 ユーラシアプレートに対する中国およびその周辺の速度場。インドプレートがヒマラヤ山脈でユーラシアプレートに衝突し、中国は北方や東方に押し出されている。Wang & Shen（2020）より。

フィリピン海プレート上にあります。フィリピン海プレートは基本的には海洋プレートですが、太平洋プレートの沈み込みにともなう火山列（伊豆小笠原諸島）の部分の部分は、深部からマグマが上昇し地殻底部に付着するために、地殻が周囲より厚く密度が低くなっています。伊豆半島もこの火山列の一部ですので、フィリピン海プレート北端では相模トラフと駿河トラフから沈み込み、相模トラフでは1923年関東地震（マグニチュード7.9-8.1）や1703年元禄関東地震（マグニチュード8.1-8.5）、駿河トラフでは1854年安政東海地震（マグニチュード8.4-8.6）や1707年宝永地震（マグニチュード8.7-9.3）といった巨大地震を引き起こしていますが、伊豆半島北端部では日本列島に衝突しています。

　ここまで、収束プレート境界ではプレート境界に応力が蓄積し、それを解放するために地震が発生するということを仮定してきました。しかし、この

ような仮定は常に成り立つわけではありません。伊豆半島北端の衝突境界では地震活動が低調ですが、沈み込み帯でも大地震が発生しない地域があります。ここではマリアナと琉球の二つの沈み込み帯を例に大地震が発生しない沈み込み帯について解説します。

　マリアナ海溝では太平洋プレートがフィリピン海プレートの下に沈み込んでいますが、沈み込みプレートの内部での大地震は発生してきたものの、プレート間の地震はマリアナ沈み込み帯南端部で発生した 1993 年グアム地震（マグニチュード 7.7）を除いては大地震が発生していません。マリアナ海溝から沈み込む太平洋プレートは約 1 億 3000 万年前に誕生した古いプレートで、密度が高いため、沈み込むプレートには負の浮力がはたらき、下方向の力がはたらきます。すると、**図 11.9a** に示すようにプレート境界面にはたらく法線応力が減少しプレート境界面は地震を起こすことなくずるずるとすべります。手のひらを胸の前で強い力で合わせて片手を上に片手を下に動かすと固着した状態とすべりを間欠的に繰り返します。この動きが地震と関連づけられます。これに対して、手のひらを弱い力で合わせて上下に動かすとずるずると動きます。これと同じことがマリアナ沈み込み帯で発生しているというわけです。

　太平洋プレートにはたらく負の浮力がはたらくと、**図 11.9a** に示すように

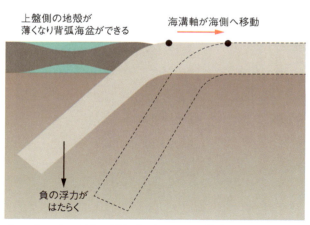

図 11.9　古いプレートには負の浮力がはたらき、海溝が海側に後退すると同時に背弧海盆が形成される。

海溝の位置が後退し、沈み込まれるフィリピン海プレートに引っ張りの力がはたらきます。すると、フィリピン海プレートの内部の背弧海盆と呼ばれる地形が形成されます（**図 11.9**）。その結果、フィリピン海プレートの背弧海盆よりも海溝側は、沈み込むプレートに押されて海溝から遠ざかる方向に運動するのではなく、海溝の方に向かって運動します（**図 11.9**）。このような現象を背弧拡大といいます。

背弧拡大は西太平洋を中心に世界各地で見られますが、日本では琉球海溝でも見られます。**図 11.6** に見られるように、琉球諸島の GNSS 観測点は琉球海溝の方向に変位しています。これは背弧海盆である沖縄トラフの拡大によるものです。また、琉球海溝ではマリアナ海溝と同じく、沈み込むフィリピン海プレート内部での大地震は存在するものの、プレート境界で発生する巨大地震はほとんどありません。

発散プレート境界

発散プレート境界は文字通り二つのプレートが離れていくプレート境界です。典型的な例は、プレートが誕生する中央海嶺です。中央海嶺はほとんどが海面下にあるので地殻変動観測は困難なのですが、中央海嶺が陸に上がった例としてアイスランドがあります。ここでは、アイスランドの地殻変動について解説します。ただ、アイスランドは中央海嶺とホットスポットが重複しているため、必ずしも典型的な発散プレート境界ではないということに注意する必要があります。

アイスランドは西半分が北米プレートに、東半分がユーラシアプレートに属していて、ユーラシアプレートは北米プレートに対して年間約 20 mm の速度で東へ移動しています。しかし、プレート境界を境に東側と西側で年間約 20 mm の相対速度があるわけではなく、SAR によってアイスランド全土の速度場を明らかにした**図 11.10** から分かるように、プレート境界での速度場は連続しています。このことは、深部では二つのプレートが定常的に離れているのに対して、浅部ではプレート境界は固着していて、火山活動によるマグマの貫入や正断層地震によって二つのプレートは離れていくということを示しています。固着している深さはアイスランドの中でも地域によって異なりますが、おおむね 5–15 km 前後で、この深さは地震発生層の深さと一致

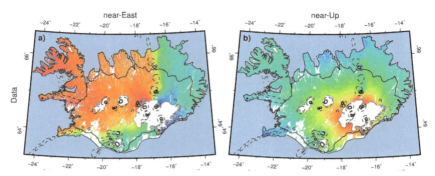

図 11.10 InSAR によって求めたアイスランドの地殻変動の（a）準東西および（b）準上下成分。Drouin & Sigmundsson (2019) を改変。

します。これ以上深い場所では岩石が高温になり、地震を起こすことなく変形します。

実際には**図 11.10**を見ても分かる通り、アイスランドの地殻変動は複雑です。アイスランドではプレート運動にともなう地殻変動だけでなく、主に南東部で後氷期変動による隆起が観測されます。その大きさは年間 20 mm 以上もの速度になりますので、北米プレートとユーラシアプレートの相対運動速度が年間約 20 mm 程度であることを考えるとかなり大きいです。この運動がアイスランドでのプレート運動を理解するためには「雑音」になっています。

横ずれプレート境界

横ずれプレート境界は、発散プレート境界同志を結ぶトランスフォーム断層として多く現れます。発散プレートの多くは海域にあるためトランスフォーム断層の多くもまた海域にありますが、米国カリフォルニア州のサンアンドレアス断層やトルコの北アナトリア断層では横ずれプレート境界が陸上に出ているために、プレート境界域での地殻変動観測が密に行われています。

サンアンドレアス断層は西側の太平洋プレートと東側の北米プレートとの境界に位置します。それぞれのプレートが剛体だと仮定するプレートモデルによると、北米プレートは太平洋プレートに対して年間約 50 mm の速度で横ずれ運動していますが、サンアンドレアス断層周辺で実測された北米プ

レートと太平洋プレートの相対運動速度は年間約 35–40 mm です。つまり残りの年間 10–15 mm の相対運動速度はプレート内部で消化されているということになります。

サンアンドレアス断層では、南カリフォルニアでは 1857 年フォートテホン地震（マグニチュード 7.9）が、北カリフォルニアでは 1906 年サンフランシスコ地震（マグニチュード 7.8）など大地震が発生してきました。しかし、北米プレートと太平洋プレートのプレート境界付近の相対運動速度は、サンアンドレアス断層だけでまかなわれているわけではありません。GPS による実測・地震活動・地質学的な知見を組み合わせることにより、中部カリフォルニアでは年間 35–40 mm の相対運動速度がほぼサンアンドレアス断層でまかなわれていますが、北部カリフォルニアでは、サンアンドレアス断層だけではなく、隣接するヘイワード断層やカラベラス断層でも相対運動速度がまかなわれていることが分かりました。また、南部カリフォルニアでは、サンアンドレアス断層だけではなく、隣接するサンジュシント断層でも相対運動速度がまかなわれていることが分かりました（**図 11.11**）。つまり、収束プ

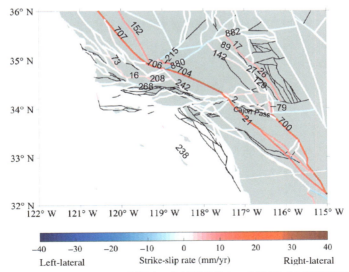

図 11.11 南カリフォルニアの断層すべり速度の分布。北緯 33–34 度付近ではサンジュシント断層（21）サンアンドレアス断層（700）のすべり速度が似通っていることがわかる。Evans (2022) より。

第 11 章　地殻変動観測が明かした地球の姿

レート境界だけではなく横ずれプレート境界についても、力学的にはプレート境界は 1 本の線として定義できるものではなくある幅をもったプレート境界域として定義するべき場所もあるといえます。実際に北米大陸西部では、1992 年ランダース地震・1999 年ヘクターマイン地震（マグニチュード 7.1）・2019 年リッジクレスト地震（マグニチュード 7.1）などマグニチュード 7 を超える大きな地震がプレート境界から離れた場所で発生しています。

　横ずれプレート境界の多くの部分では、発散プレート境界と同じように浅部は固着し深部はずるずるとすべっています。固着している浅部は地震などによって間欠的に変動します。固着している深さは場所によって異なりますが、おおむね 15 km 程度です。深部は高温になっているために地震を発生させることができず、ずるずるとすべっていて浅部に力を加えています。ただ、浅部は必ずしも完全に固着しているわけではなく、カリフォルニア州中部のようにずるずるとすべって地表変位場が不連続になっている（クリープしている）部分もあります。

プレート内部の変形

　ここまでの議論で、プレート境界付近ではプレートは剛体的に振る舞うのではなく、隣接するプレートからの力を受けて変形しているということが分かりました。では、プレート境界から遠い場所ではプレートは剛体として振る舞っているのでしょうか？

　結論から言うと、プレート内部ではプレートが剛体的に振る舞っているという仮定はかなりの部分正しいのですが、完全に正しいわけではありません。第 10 章で議論した後氷期変動により北米大陸北部や北欧では顕著な地殻変動が見られますが、そのほかにも海洋プレートの熱収縮によりプレートは非剛体的に振る舞います。

　海洋プレートは海嶺で誕生したときには高温ですが、海水や大気によって冷やされていきます。それによりプレートは熱収縮していきます。理論計算によると、誕生直後の海洋プレートの熱収縮速度はひずみにして年間 10^{-9} 程度ですが、時がたつにつれて減少し、誕生して 1 億年たったプレートの熱収縮速度は年間 10^{-11} もしくはそれ以下です。いずれにしても、日本列島のひずみ速度が年間 10^{-7} 程度ですから、海洋プレートの熱収縮による変形速

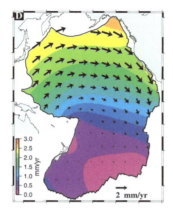

図 11.12 熱収縮により予測される太平洋プレートの変形速度。Kreemer & Gordon (2014) より。

度はプレート境界域での変形の 1/100 もしくはそれ以下ということになります。実際、世界最大の太平洋プレートであっても、熱収縮により予想されるプレートの両端の相対速度が年間 2 mm 程度であり、現状の GNSS 観測によりはっきりとは検知されていません（**図 11.12**）。

　北米プレートやユーラシアプレートなどの大陸プレートでは、後氷期変動だけでなく、地形や地下構造の不均質による重力ポテンシャルの水平不均質により、プレート内部の応力場に不均質が見られます。地表で見られるひずみ速度は、たとえば北米大陸中部・東部などの北米大陸安定地塊では年間 10^{-9} から 10^{-8} 程度であり、海洋プレートの熱収縮によるひずみ速度よりは大きいものの、10^{-9} のひずみが 1,000 km 先の物体が 1 mm 変位する程度のひずみであることを考えると、現在の観測によって検知することはやはり困難です。

11.3　地震による変形

　前節までに述べたように、地震は断層がずれることによって生じます。断層のずれによって地震波が発生しますが、それと同時に恒久的な地殻変動も生じ、ある程度以上大きな地震であれば地表で観測することができます。最近では GNSS 観測により、地震により発生する地震波と恒久的な変位を同時

に観測することもできるようになりました。ここでは、地震にともなう地球の変形について解説します。

地震による静的な変動

地震のような速い運動に対して地下浅部は弾性体として振る舞います。そのため、地震にともなう変形は、断層の方向や傾斜・断層面上のすべりの分布・岩石の物性を与えると、弾性体の方程式を解くことによって得られます。ここでは正断層・逆断層・横ずれ断層による地表の変形について議論しましょう。

図 11.13a に示すように、正断層の地震が発生すると断層から遠ざかるような変位場が生じます。傾いた断層の断層運動の場合は、**図 11.13a** に示すように上盤側の水平変位がより大きくなり、また大きな沈降が生じます。断層からさらに遠い側は小さく隆起します。水平変位や上下変位の大きさのピークは、断層運動の上端が深くなればなるほど断層から離れていきます。つまり、多くの観測データがある場合には、変位場を見るだけで断層運動の位置や深さを大まかに推定することができます。

逆断層地震にともなう変位場は正断層の場合とは逆で、断層に近づくような変位場が生じます（**図 11.13b**）。また、上盤側に大きな隆起が生じ、さらに断層から遠い側には小さな沈降が生じます。逆断層を生じる断層面は正断層の場合よりも水平に近いことが多いので、断層をはさんだ変位場の非対称

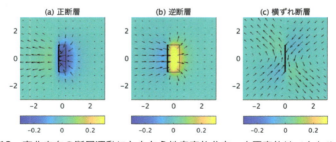

図 11.13 南北走向の断層運動にともなう地表変位分布。水平変位はベクトルで、鉛直変位は色で表す。鉛直変位の大きさは、断層すべり量を1としたときの大きさである。断層の地表投影は黒い四角形（線）で記している。(a) 傾き60度の東傾斜の正断層、(b) 傾き30度の東傾斜の逆断層、(c) 傾き90度（鉛直）の右横ずれ断層運動にともなう地表変位の分布。

性はより大きくなります。変位場から断層運動の位置や深さを推定すること
ができるのは正断層の場合と同じです。

図 11.13c に、横ずれ断層運動にともなう変位場を示します。断層が垂直
な場合、変位場は点対称になります。正断層や逆断層の場合と同じく、変位
の大きさのピークは断層の上端が深いほど断層から離れていきます。また、
横ずれ断層運動は断層運動の向きが地表と平行なので上下変動を生じないと
考えるかもしれませんが、実際には断層運動によって断層端付近に質量が集
中もしくは不足するので、**図 11.13c** に示すような上下変動が生じます。

衛星測地技術が普及するまでは、水準測量や三角測量などといった伝統的
な測量技術により地震による地殻変動を計測してきました。地震による地殻
変動が計測された最古の例は 1891 年濃尾地震ですが、その後も 1906 年サン
フランシスコ地震・1923 年関東地震や、1944 年東南海地震・1946 年南海地
震（**図 4.2**・**図 4.4**）にともなう地殻変動が水準測量や三角測量で計測されて
きました。しかし、これらの計測は地震直後に行われるとは限らず地震後数
年たって行われることがしばしばあるので、地震によって生じる変動と 11.4
節で述べるような余効変動とが区別できません。

衛星測地技術によって地震による地殻変動が計測されるようになったのは
1990 年代初頭になってからです。GPS によって地震による地殻変動が計測
された例に 1992 年ランダース地震・1994 年ノースリッジ地震（米国カリフォ
ルニア州；マグニチュード 6.7）・1994 年北海道東方沖地震（マグニチュード
8.3）・1994 年三陸はるか沖地震（マグニチュード 7.7）があります。**図 11.14**
に 1994 年北海道東方沖地震にともない GPS によって観測された水平変位の
分布を示しています。この地震では GPS 観測点が最大で 0.44 m ほど変位し
ました。今まで GNSS（GPS）観測によって観測された地震にともなう変位
量の最大は 2011 年東北地方太平洋沖地震にともない観測され、陸上の観測
点が最大約 5.5 m、海上の観測点は最大 31 m 変位しました。

1990 年代に入ってからは、GPS と並んで SAR によっても地震による変位
場を観測されてきました。SAR によって最初に変位場が観測された地震は
1992 年ランダース地震（**図 6.7**）ですが、日本でも 1995 年兵庫県南部地震
（**図 6.8**）にともなう変位場が観測されました。当時 SAR 干渉解析によって
変位場を求めるのに 1 日から数日かかっていましたが、現在は解析にかかる

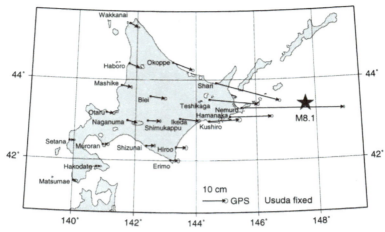

図 11.14 GPS によって観測された 1994 年北海道東方沖地震にともなう水平変位。Tsuji et al. (1995) より。

時間は数十分程度になりました。

　SAR による観測からは空間分解能の高い地表変位場を得られるので、地震観測の乏しい地域においても、特に陸域であれば地震の震源地が正確に求められます。マグニチュード 5.5 程度の地震であっても浅い地震であれば SAR 干渉解析により地表変形場を求めることができます。これは震源直上で地殻変動観測をしていることに相当しますから、地震観測網の乏しい地域で震源から遠くの地震観測点を用いて決定する震源位置よりも SAR による震源位置のほうが正確に求まります。実際に、震源から遠くの地震観測点しか用いることができない場合には、震源決定の誤差が数十 km に及ぶことがあります。日本列島には密な地震観測網がありますので、地震観測によって震源位置が正確に求まりますが、地震観測網の乏しい世界の多くの地域では、SAR が大地震の震源位置を正確に決定する重要な手段になっています。

● 地震による動的な変動

　ここまでは、地震にともなう静的な変位、つまり地震が終了した後に残留する変位場について議論してきました。しかし、地震が発生すると残留変位が生じる前に地震波が発生することは言うまでもありません。この地震波は伝統的には地震計で計測されてきましたが、GNSS で地震波を計測すること

もできます。

　GNSS 観測は 30 秒もしくはそれよりも短い間隔で行っていますが、プレート運動や地震にともなう静的な地殻変動を計測するには 1 日ごとに座標を計算しています。たとえば 30 秒サンプリングの観測ですと 1 日に 2,880 回の観測を行うわけですが、この 2,880 回の観測の間座標が一定であるという仮定のもと、各観測点の座標を求めます。この方法は、数多くの観測から一つの座標を求めるため座標の決定精度がよくなりますが、時間分解能を犠牲にしています。

　これに対して、観測ごとに座標を求めていく解析方法をキネマティック解析といいます。この方法は一つの観測点を求めるのに使うデータ量が少ないので精度は落ちますが、観測ごと、つまり 30 秒ごとにサンプリングしているデータなら 30 秒ごとに座標を求めることができ、時間分解能が向上します。GNSS 観測で最も一般的に用いられるのは 30 秒サンプリングですが、現在では 1 秒サンプリングも稀ではなく、最近の GNSS 受信機では 50 Hz のサンプリング周波数でデータを収録できるものもあります。

　このように短い時間間隔でデータを取得できると、GNSS 観測で地震波をとらえることも可能になります。先駆的な研究は 1990 年代から行われてきましたが、実際の地震により生じた地震波を GPS 観測により初めて観測したのは 2001 年デナリ地震（米国アラスカ州；マグニチュード 7.8）です（**図 11.15a**）。震源に近い観測点では強震計による観測と類似した波形が観測される上に、恒久的な変動が生じているのが分かります（**図 11.15b**）。また、震源から遠い観測点では、地球表面付近を伝わっていく表面波が観測されていることが分かります（**図 11.15c**）。その後、このような観測はさまざまな地震について行われてきました。日本の地震については、2003 年十勝沖地震・2008 年岩手宮城内陸地震（マグニチュード 6.8）・2011 年東北地方太平洋沖地震などで GPS（GNSS）による地震波の観測が行われています。

　地震計で地震動の観測ができるのに、どうして GNSS でも地震波の観測をする必要があるのだろうと思う人がいるかもしれません。確かに、衛星からの観測である GNSS による観測は地面の振動を直接計測する地震計による観測よりも感度が悪く、大振幅の振動しか計測できません。しかし、地震計は基本的には振り子ですからある特定の周波数の範囲の振動しか記録すること

第 11 章　地殻変動観測が明かした地球の姿

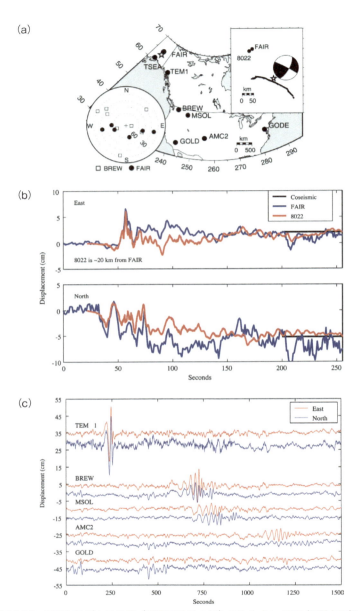

図 11.15　2001 年デナリ地震（米国アラスカ州）にともない GPS 観測点で観測された地震波。(a)(b)(c) で記されている観測点の場所。(b) 震源から近い観測点の GPS 観測による変位（青）と加速度計により観測された変位（赤）。(c) 震源から遠い GPS 観測点で記録された表面波の記録。Larson et al. (2003) より。

ができないのに対して、GNSS は周波数特性がなく、ナイキスト周波数（サンプリング周期の2倍）より長い周期の波であれば、恒久変位も含めて記録することができるという違いがあります。つまり、1秒サンプリングのGNSS 観測の場合、2秒より長い周期の波を記録できるということになります。地震観測に最もよく用いられている地震計は固有周期1秒のものですが、計測できる振動の周波数は長くて5-10秒です。広帯域地震計は固有周期120秒や360秒のものがありますが、それでも周期1,000秒より長い周期の振動を記録することはできず、恒久的な変位は記録できません。また、このような地震計は微小な振幅の振動に対する感度が高いので、大振幅が到来すると振り子が振れすぎてしまい、記録が振り切れてしまい振動を記録することができません。

　長い周期の振動も記録できるという GNSS 観測の特性は、緊急地震速報や津波警報に用いることができるかもしれません。日本をはじめいくつかの国で実用化されている緊急地震速報は、地震計の記録を用いています。早く到達する振幅の小さいP波の到達時刻と振幅から地震の震源位置と大きさを推測し、より大振幅のS波の到達時刻を予測し警報を発しています。津波警報も同様に、地震計の記録を用いて地震の震源位置と大きさを推定しています。地震は大きければ大きいほど震源から長周期の波を出しますから、マグニチュード8を超える巨大地震になると、震源から射出される長周期の波を地震計で観測できず、地震を過小評価してしまいます。しかし、GNSS は長周期成分もふくめた波動を全て記録できますので、地震を過小評価しません。実際、2011年東北地方太平洋沖地震のときには、地震計のデータからは当初マグニチュードを8前後と推定していましたが、GPS データを用いれば、発生後2分ほどで地震のマグニチュードを9前後と正しく推定できることが分かりました（**図 11.16**）。

地震による重力変化

　ここまで地震にともなう地表変形について議論してきましたが、地震が発生すると、断層運動にともない質量が移動すること、地表の隆起・沈降が発生することから重力変化も観測されます。一般的には、地表で観測される重力変化には質量が移動する効果よりも観測点が鉛直に変位する効果のほうが

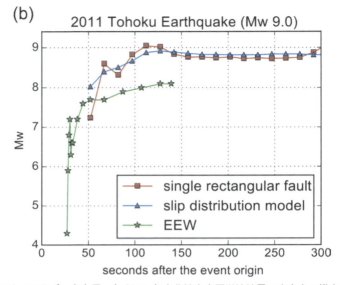

図 11.16 GPS データを用いた 2011 年東北地方太平洋沖地震の大きさの推定。地震波を用いると、地震発生後 2 分程度たっても地震の大きさをマグニチュード 8 程度であると推定する（緑）のに対し、GPS を用いると、2 つの異なる手法どちらを用いても地震発生後 2 分程度で地震の大きさをマグニチュード 9 程度であると推定できる（赤・青）。Kawamoto et al. (2017) より。

大きくはたらいていますが、質量が移動する効果も無視はできません。観測点が隆起すると重力が減少するのは観測点が地球の重心から遠ざかるからで、質量移動がない場合には観測点が 1 mm 隆起すると観測される重力は 3.086 μGal 減少します。重量加速度は約 980 Gal ですから、観測点が 1 m 隆起しても重力は約 0.00003 % 減少するだけで、人間の体に感じることはありません。

　重力観測が主に相対重力計によって行われていた時代は、地震による重力変化の絶対値を求めることは困難でしたが、絶対重力計が開発されたことにより、21 世紀初頭頃から地震による重力変化を計測できるようになりました。さらに、衛星からの重力観測ができるようになり、面的な重力観測を行うことができるようになりましたし、陸域も海域も同じように観測ができるようになりました。特に巨大地震が主に発生する沈み込み帯が海域にありますから、衛星により震源直上の重力変化を計測できることは大きな意味があ

ります。さらに、衛星による重力観測は地表の隆起・沈降による重力変化を含まないので質量の移動のみによる重力変化だけを抽出できるという利点もあります。ただ、GRACE による観測は空間的に平滑化するために空間分解能が約 300 km にとどまります。そのため、GRACE 衛星からはマグニチュード 8 を超える巨大地震でないと重力変化を検出できないという欠点があります。

図 7.5 に 2011 年東北地方太平洋沖地震にともない GRACE で観測された重力変化を示します。地上での観測では最大で 100 μGal を超える重力変化が観測されましたが、GRACE 衛星は高度 500 km にありますし、地上観測と違って地表が上下変動する効果は観測データに含まれませんので、観測される重力変化は数 μGal 程度であるということに注意しましょう。

地震により発生する地震波や恒久的な変形は地震の P 波速度より速く伝わることはありませんが、地震による重力変化は光速で伝わります。すなわち、理論的には、ある観測点では地震が発生したという情報は P 波より先に重力変化として伝わるということになります。現在 P 波の到達時刻を用いている緊急地震速報は、重力変化を用いることによってより速く情報を発信することができると理論的には言えます。ただ、P 波より前に伝わる重力変化は巨大地震であっても微小です。また、巨大地震であれば地震が始まってから終わるまでに数分かかり、震源から近い観測点であればその間に地震波が到達するということも考えなくてはなりません。このような重力変化の存在は理論計算およびデータ解析両面から研究が進められていて、マグニチュード 8 を超える巨大地震であれば P 波到達前の重力変化が観測できそうだとされています。**図 11.17** に 2011 年東北地方太平洋沖地震にともなう P 波到達前の重力変化を示しています。この分野は国際的な研究競争が激しく、数年のうちに大きな進展が見られることが予想されます。

11.4 地震後も変形は続く：余効変動

1910 年にハリー・フィールディング・リードによって提唱された弾性反発説は応力の蓄積と地震による解放だけで構成された単純なものでしたが、その後の研究で、弾性反発説は地球浅部の応力の蓄積と解放をよく説明できる

第 11 章 地殻変動観測が明かした地球の姿

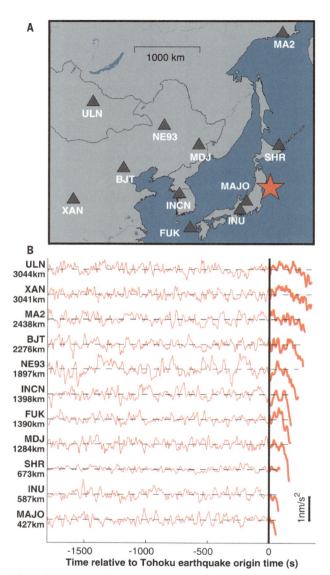

図 11.17 2011 年東北地方地震にともなう P 波到達前の重力変化。(a) 観測点分布。(b) 広帯域地震計で観測された P 波到達前の重力変化。横軸の 0 秒が地震の開始時刻である。Valée et al. (2017) より。

けれども、蓄積した応力は地震だけで解放されるわけではなく、地震波の放出をともなわないゆっくりとした変形によっても解放されるということが分かってきました。これを余効変動といいます。余効変動の大きさはしばしば無視できないほど大きく、ある地域の応力状態を考えるためには重要な現象です。ここでは、さまざまな余効変動について解説します。

余効変動の発見

余効変動の存在は、1966 年パークフィールド地震（米国カリフォルニア州；マグニチュード 6.0）のときに初めて観測されました。その後もいくつかの地震について余効変動が観測され、1990 年代初頭には、本震の震源域周辺での応力上昇をゆっくりとしたしたすべりによって解放するのが余効変動であると認識されていました。1992 年三陸はるか沖地震の際には、本震の大きさに匹敵する大きさの余効変動がひずみ計によって観測されましたが、宇宙測地技術の登場前は余効変動の観測事実は限られていました。

1990 年代に GPS によって観測点の座標が日々求められるようになってから、大地震の余効変動が次々と求められるようになりました。GPS によって最初に発見された余効変動は 1994 年三陸はるか沖地震にともなうものです。このときは地震による変形と同程度の大きさの余効変動が 1 年以上かけて起こりました。その後も多くの地震について余効変動が観測されています。

では、余効変動はなぜ発生するのでしょうか？　大きな地震が発生すると突然の断層すべりによって応力状態は突然変化します。乱された応力状態を平衡状態にもっていこうとするのが余効変動です。なお、大地震が発生すると余震が発生しますが、乱された応力状態を平衡状態にもっていこうとするために発生するという点では余震も同じです。

これまでの研究により余効変動のメカニズムは主に三つに分けられることが分かりました。余効すべり・粘弾性緩和・poroelastic rebound です。実際の地球では、これらの三つの現象が同時に発生していますが、観測手段や本震の大きさや深さによって、これらのうちの一つもしくはいくつかだけが観測されるということがしばしばあります。では、これらの三つのメカニズムについて詳しく解説していきましょう。

余効すべり

　地球内部の物質には摩擦力がはたらいていますので、少しの力がはたらいても地球内部の物質がずれたりすることはありません。しかし、ある程度以上の力がかかると物質にずれが生じてたまった応力が解放されます。地震を起こすプレート境界や断層は過去の地震によるずれにより岩石の分子同士の凝着力がなくなっていますので、周囲よりも弱くなっています。そのため、力がかかると既存の断層が優先的に動くことにより応力を解放します。

　摩擦力と地震の発生を考えるために、**図 11.18** のようにバネにつながれたおもりをひっぱることを考えてみましょう。バネをゆっくり引っ張り続けると、おもりは止まったままバネが伸び続けて、あるとき、おもりが大きく動く場合と、おもりがずるずると動くときがあります。前者をスティック・スリップといいます。「スティック」というのはおもりが床に固着している状態、「スリップ」がすべる状態、つまり地震のことです。おもりがスティック・スリップするかゆっくりすべりかの違いは、おもりと床の間の摩擦特性の違いによります。また、ゆっくり引っ張っているときにスティック・スリップつまり「地震」を起こすシステムでも、おもりを引っ張る力が強いとずるずるとすべります。つまり断層面が速くすべって地震を発生させるかゆっくりすべるかは、断層面の摩擦特性や断層にかかる力の大きさによります。

　前置きが長くなりましたが、余効すべりというのは地震ですべった断層面の周辺で発生するゆっくりとしたすべりです。大地震は周囲の応力場を変えますから、周囲の岩石にとっては、**図 11.18** のブロックでたとえるとバネを引っ張る力が突然増加もしくは減少したことに相当します。バネを引っ張る

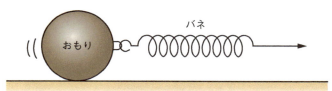

図 11.18　おもりにつながれたバネを引っ張ると、バネを引っ張る強さやおもりと地面の摩擦特性によって、おもりはある時大きく動いたりずるずると動いたりする。

力が突然増加すると、スティック・スリップもしくはゆっくりとしたすべりが生じるでしょう。前者が余震で後者が余効すべりです。

地震による断層すべりが生じた領域では地震によって応力が低下するので余効すべりは発生せず、断層すべりが生じた周辺の応力が上昇した領域で発生します。これまで余効すべりが観測された例は数多くありますが、**図11.19**に2003年十勝沖地震後に発生した余効すべりの例を紹介します。この例は、大地震のあと震源域の周辺で余効すべりが広がっていく典型的な例で

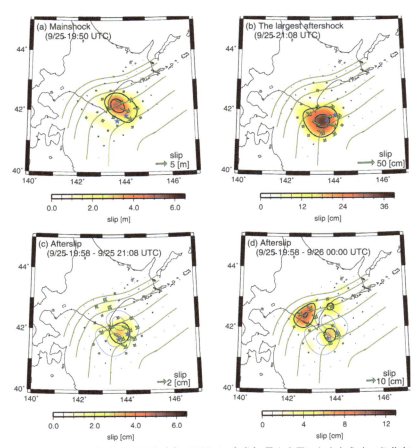

図 **11.19** 2003年十勝沖地震（a）本震および（b）最大余震にともなうすべり分布および（c）本震・最大余震間の余効すべり分布、（d）最大余震後約4時間の余効すべり分布。Miyazaki and Larson (2008) より。

第 11 章　地殻変動観測が明かした地球の姿

す。地震と余効すべりはすべりの発生する領域は異なりますが、近接していることやすべりの方向は類似していることから、地上での GNSS 観測により観測される両者の地殻変動場は類似しています。

粘弾性緩和

　第 10 章で取り上げたように、全ての物質は短い時間スケールでは固体的に振る舞いますが、長い時間スケールでは流体的に振る舞います。地球を構成する岩石も例外ではありません。固体的振る舞いから流体的に振る舞いに変わる緩和時間（マックスウェル時間）は物質の剛性率と粘性率の比で表され、地球内部の岩石の場合は 1 年から 10,000 年のオーダーです。つまり、大地震発生直後数年は上に述べた余効すべりが卓越しますが、それ以降は粘弾性緩和が卓越します。地球の中で粘性率が低い、つまり数年から数十年のスケールで粘弾性緩和をするのは下部地殻と上部マントルで、上部地殻はほとんど弾性的に振る舞いますので、下部地殻や上部マントルにまで応力変化が及ぶような大きな地震でないと粘弾性緩和による余効変動は発生しません。震源の深さや地下構造にもよりますが、粘弾性緩和による余効変動を考える必要があるのは、おおむねマグニチュード 6.5 もしくはそれ以上の地震についてです。

　2011 年東北地方太平洋沖地震の余効変動の例を**図 11.20** に示します。東北地方では地震観測などにより地下構造が精度よく推定されていますので、そこから粘性率の分布を推定することができます。東北日本の場合は、上部地殻や沈み込む太平洋プレートは 10^{22} Pa·s 程度の高い粘性率をもっていますが、下部地殻や上部マントルでは 10^{19} から 10^{20} Pa·s 程度の低い粘性率をもっています。また、脊梁山脈の直下では高温になっているため、低粘性率の領域が浅部まで広がっています。なお、下部地殻や上部マントルの剛性率は50 GPa 程度ですから、マックスウェル時間は 10 年から 100 年のオーダーということになります。このような粘性率の空間分布を推定することにより、地表で観測される余効変動をよく説明することができます。

　観測された地殻変動場から上に述べた余効すべりと粘弾性緩和の効果を分離することは、特に SAR などによって空間的に密な観測ができない海域の地震などについては実は簡単ではありません。大地震発生から数年から 10

11.4 地震後も変形は続く：余効変動

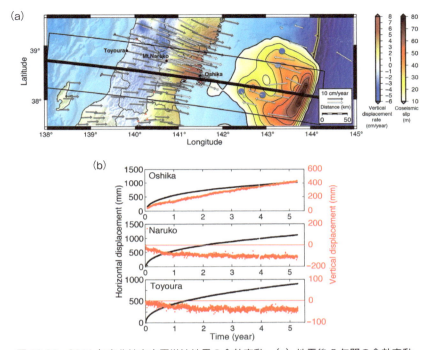

図 11.20　2011年東北地方太平洋沖地震の余効変動。(a) 地震後5年間の余効変動の平均速度。(b) で取り上げられる観測点の場所も記している。(b) 代表的な観測点の変異の時系列。Muto et al. (2019) より。

年程度の間はこの二つの現象が共に発生していることもありますし、両者によって地表で観測される変位場が似ているということもあります。このような場合、衛星重力による観測が力を発揮します。その理由は、衛星重力は海域でも観測が可能なこと、衛星重力観測は地球の質量の移動にのみ感度があるので、余効すべりと粘弾性緩和といった異なる質量移動を分離することが少なくとも理論上は可能なことが挙げられます。ただ、GRACEによる観測は空間分解能が200–300 km程度で時間分解能が1ヵ月であるため、マグニチュード7.5を超えるような大地震による余効変動しか計測できないという欠点もあります。

Poroelastic rebound

Poroelasticというのは多孔質弾性という意味で、多孔質弾性体というのは

175

スポンジのように空隙のある弾性体のことをいいます。Poroelastic reboundというのは適切な日本語がないので英語をそのまま使うことにします。

地下浅部には地下水が豊富にあります。濡れたスポンジを想像してもらえればよいかもしれません。地震が発生すると、そんな「スポンジ」が変形します。地球内部では、地震を起こした断層周辺の応力場が変化します。**図11.21a** に横ずれ断層を上から見た模式図を示しますが、地震によって断層周辺には岩石が圧縮される場所と引き伸ばされる場所が生じます。横ずれ断層の場合、岩石が圧縮される場所は岩石が集中するために隆起しますし、引き伸ばされる場所は沈降します。水は圧力の高いところから低いところに移動しますから、圧縮されれば場所から引き伸ばされた場所へ移動します（**図**

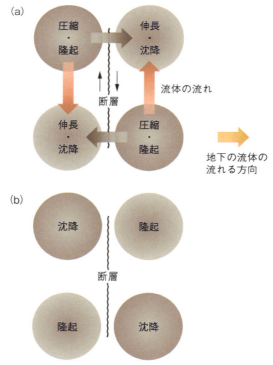

図 11.21 地震が発生すると、(a) のように断層運動によって圧縮される場所と伸長する場所が生じる地下の流体は圧縮された場所から伸長された場所へと流れる。その結果、地震時に圧縮・隆起した場所では、流体の流れによって沈降し、地震時に伸長・沈降した場所は流体の流れにより隆起する。

11.21b）。すると、地震によって隆起していた圧縮された場所は地下水の移動によって沈降し、地震によって沈降していた場所は隆起します。これをporoelastic rebound といいます。

　このように、poroelastic rebound は地震とは逆方向に地球を変形させますため検出しやすいはずなのですが、変形量は非常に小さく、変形が観測されるのは震源の近傍に限定されます。そのため、poroelastic rebound が検出できるのは陸域の浅い地震に限定され、また、ほとんど InSAR によってしか検出されません。Poroelastic rebound が InSAR によって検出された例に1992 年ランダース地震があります。InSAR 観測によりこの地域の浅部の岩石の水頭拡散率は 0.1-1 m^2/s と、実験室で計測される岩石の水頭拡散率と同程度であると推定されました。

11.5　スロー地震

　ここまでは、地震の余効変動という、地震による応力変化が誘発するゆっくりとしたすべりについて議論してきました。しかし、地下浅部に蓄積した応力を解放する方法は地震やその余効変動だけではなく、自発的に発生するスロー地震というものもあります。スロー地震はいわば、ゆっくりと断層運動する地震といえるでしょう。スロー地震の発生は地下の応力場を変え、地震発生にも影響を与えるので、最近精力的に研究が進められています。

スロー地震の発見

　スロー地震が初めて発見されたのは 1999 年のことです。名古屋大学（当時）の廣瀬仁や平原和朗らは、豊後水道で継続時間が約 300 日にも及ぶスロー地震が1997 年から1998 年にかけて発生していたことを GPS 観測から発見しました。その頃には地震の余効変動が既に観測されていて、地震波をあまり放出しないゆっくりとした地殻変動の重要性が注目されていました。当時は、余効変動もスロー地震も同類とみなされていて、自発的に発生したものかどうかという違いには特に注目されていませんでした。

　スロー地震がより注目されるようになったのは 21 世紀に入ってからです。カナダ地質調査所のガリー・ロジャースやハーブ・ドラガートらは 2001 年に

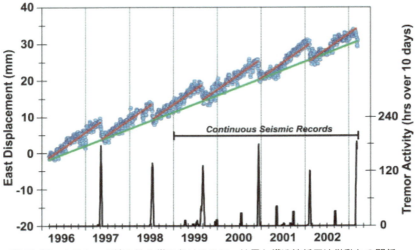

図 11.22 カスケード沈み込み帯におけるスロー地震と構造性低周波微動との関係。両者が同期して発生していることがわかる。Rogers & Dragert（2003）より引用。

　北米大陸西海岸のカスケード沈み込み帯で約14ヵ月に一度スロー地震が繰り返されていることを発見し、2003年にはそれが構造性低周波微動と連動していることを発見しました（**図 11.22**）。構造性低周波微動は2002年に防災科学技術研究所（当時）の小原一成によって発見され注目を集めていましたが、2003年の発見により構造性低周波微動がスロー地震の一部であると認識され、これまで注目していた地殻変動の研究者だけでなく地震学の研究者の注目も集めるようになりました。

　その後の約20年間でスロー地震の研究は飛躍的に進みました。たとえばスロー地震が珍しい現象でなく世界中の沈み込み帯で発生する現象であること、沈み込み帯だけでなくその他のプレート境界でも発生する現象であることが明らかになりました。また、スロー地震は地震発生帯の深部延長だけでなくごく浅部でも発生することが明らかになりました。また、スロー地震には継続時間が数秒のものから数十年単位のものまで存在することも明らかになりました。

スロー地震の観測

スロー地震は当初 GPS や傾斜計といった測地技術によって発見されましたが、地震観測により発見された構造性低周波微動が小さなスロー地震であるということが明らかになりましたので、スロー地震は測地観測および地震観測の両方で観測されるというのが現在の正しい認識でしょう。スロー地震は文字通りゆっくりとした断層すべりであるため、「速い」地震よりも低周波の地震波が生じます。そのため、より低周波の地震波が出る大きなスロー地震は地震計では全てを記録することができません。地震計の種類によりますが、固有周期1秒の地震計では数秒から10秒を超える周期の地震波を観測できませんし、広帯域地震計であっても1000秒を超える周期の地震波を観測することは困難です。反対に、小さなスロー地震を測地観測で計測するのは、感度やデータのサンプリング間隔の問題から困難です。スロー地震の大きさと継続時間には正の相関がありますが、大まかに言って、継続時間が分単位以下のスロー地震は地震計で、1日を超えるスロー地震は測地技術で観測するのが一般的です。現在では分単位から数日の継続時間をもつスロー地震を観測する手段が傾斜計・ひずみ計以外に乏しく、観測ギャップとなっています。

スロー地震は当初西南日本やカスケードプレート沈み込み帯の地震発生域の深部延長で発見されましたが、その後の研究により、中南米やニュージーランドなど世界中の沈み込み帯で発見されるようになりました。また、海底での観測などにより、地震発生域の深部延長だけでなくごく浅部でもスロー地震が発生していることが明らかになりました。さらに、プレート沈み込み帯だけでなく、サンアンドレアス断層など沈み込み帯でないプレート境界でも発生しています。スロー地震は今や世界中で観測されており、地球内部に蓄積された応力を解放する手段の一つとして普遍的なメカニズムであるといえます。

スロー地震発生のメカニズム

では、スロー地震はどうして発生するのでしょうか。それを考えるために、まずは「速い」地震との共通点と相違点から考えてみましょう。まず相違点は明らかで、断層面をすべる速度がスロー地震のほうが明らかに低いこ

第 11 章　地殻変動観測が明かした地球の姿

とです。そのために、スロー地震により放出された地震波エネルギーは「速い」地震のそれと比べて非常に小さくなります。また、「速い」地震による応力降下が 1–30 MPa 程度であるのに対してスロー地震による応力効果はそれよりも有意に低く 0.01 MPa 程度です。つまりスロー地震は同規模の「速い地震」に対して断層面積が大きくすべり量が小さいということになります。

　スロー地震と「速い」地震の共通点は、まずは両者とも断層面上のすべりであること、次に自発的に始まり自発的に終わるという点です。**図 11.18** で示したように、断層すべりをバネに引っ張られるブロックにたとえると、バネを通してブロックにかかる力とブロックとブロックの間の摩擦特性がある条件を満たしたときのみスティック・スリップつまり地震が発生しますが、スロー地震の発生条件も基本的には「速い」地震と同じといえます。

11.6　測地学による地震予知

　地震予知は地震を研究する者にとっての究極の目標と言えるかもしれません。地震予知とは一般的には発生する地震場所・時間・規模をある程度の精度をもって予測することをいいます。1975 年海城地震（中国遼寧省；マグニチュード 7.0）の前震活動を受けて行政当局が住民を避難させたために本震による人的被害が軽微であったことなどから、1960–1970 年代には、地震予知は近い将来に可能になるという楽観的な見方がありました。しかし、それから約 50 年たった今、地震予知は実現しておらず、近い将来に実現することは控えめにいっても困難です。また、地震予知は原理的に不可能であるという意見もあります。では、地震予知は本当に不可能なのでしょうか？　ここでは、大地震の前兆を測地学の立場から見つけようとする取り組みについて紹介します。

大地震に先行する地殻変動

　測地学で地震予知ということを考えると、真っ先に思いつくのは大地震に先行する地殻変動を観測することではないでしょうか。確かに、はっきりとした地殻変動が観測され間もなく大地震が発生すると分かれば、事前に大地震の発生を予知することができます。では、そのような地殻変動は観測され

たことはあるのでしょうか？

　大地震に先行する地殻変動が観測されたという報告は1944年東南海地震にさかのぼります。当時1854年安政東海地震から90年たっていて次の南海トラフでの大地震の発生を危惧していた東京帝国大学（現・東京大学）の今村明恒（あきつね）は、陸軍測量部（現・国土地理院）に静岡県掛川市付近での水準測量を依頼しました。この水準路線では、1903年以来フィリピン海プレートの沈み込みのために海溝に向かってほぼ一定の速度で沈降する変動をしていましたが、東南海地震の前日午後と当日午前の間に海溝に向かって隆起する変形が観測されました。これは地震の際の変動とも調和的で、東南海地震に先行する地殻変動と解釈されました。このことは、稠密（ちゅうみつ）な観測網をもってすれば将来発生するであろう南海トラフでの巨大地震に先行した地殻変動が観測されるであろうと推測する根拠になりました。しかし、その後の研究で、この地殻変動は測定誤差であるという考え方や、地殻変動であったとしても東南海地震の震源域で発生したものではないという考え方も発表されています。

　その後、大地震に先行する地殻変動はしばらく発見されませんでした。1990年代になって日本列島ではGPS観測網が整備されましたが、それでもたとえば2003年十勝沖地震に先行する地殻変動は見つかりませんでしたし、世界でも大地震に先行する地殻変動が見つかった例はありませんでした。この頃すでにスロー地震は発見されていて、たとえば2000年から5年間継続した東海地方でのスロー地震の際にはこのスロー地震による応力変化が周辺の、特に南海トラフの大地震を誘発するかもしれないという議論がされましたが、大地震は発生しませんでした。

　大地震に先行する地殻変動が見つかり始めたのは2010年代に入ってからです。日本列島に設置されたGNSS観測点から、2011年東北地方太平洋沖地震に先行して10年近くにわたってプレート間の固着が弱まっていたことが分かりました（図11.23）。つまり、2000年代前半からプレート境界はゆっくりとすべっていて、それが加速して東北地方太平洋沖地震に至ったと解釈できるわけです。同様に、2014年イキケ地震（チリ；マグニチュード8.1）に約8ヵ月先行した同様の地殻変動も観測されました。その後の研究で、さらに短い数ヵ月の時間スケールの先駆的地殻変動が2010年マウレ地震（チリ；マグニチュード8.8）や2011年東北地方太平洋沖地震に先立ち観測され

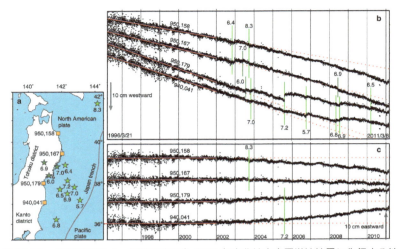

図 11.23 GPS観測によって検出された2011年東北地方太平洋沖地震に先行する地殻変動。(a) が (b)(c) で取り上げられている観測点の分布。(b) 代表的なGPS観測点の変位の東西成分。(c)(b) から1996-2001年の平均的な変動を引いて東北地方太平洋沖地震前の先駆的な地殻変動を見やすくしたもの。Yokota & Koketsu (2015) より。

たという発表もありました。イキケ地震に関しては、地震数日前から地殻変動が加速したという報告もされています。これらのことは、大地震に先行する地殻変動は常に存在するとは限らないが存在しうるということを示しています。

また、スロー地震が大地震の引き金になるという例も見つかっています。東北地方太平洋沖地震の2日前にマグニチュード7.3の前震が発生しましたが、この前震に先立ち1ヵ月以上にわたって震源域周辺でスロー地震が発生していたことが海底圧力計の観測によって分かりました。また、メキシコでは2014年パパノア地震（マグニチュード7.3）が発生しましたが、その2ヵ月前にスロー地震がパパノア地震震源域の深部延長で始まりました。スロー地震の発生領域は2ヵ月間かけて広がっていき、パパノア地震が発生しました。スロー地震による応力変化はパパノア地震の発生を促進する変化であったため、スロー地震がパパノア地震を誘発したのは確かと思われます。

このように、最近大地震に先行する地殻変動が観測され始めてきましたから、地震予知が原理的に不可能ということはなさそうです。しかし、大地震

に先行する地殻変動としてこれまでに発見されたものは、どれも大地震が発生したあとにデータを見返して発見されたものです。実用的には、異常な地殻変動を観測している段階で大地震がいつどこで発生するかということを予測できなくてはなりません。それは現在の段階ではできません。ゆっくりとした地殻変動が観測されたからといって、それが大地震につながらないことも多いということも一つの原因ですし、大地震につながる先駆的な地殻変動の特徴が理解されていないという原因もあります。

大地震に先行する電離圏擾乱

　大地震や火山噴火にともなう大気の振動が電離圏へと伝搬し、それにともなう電離圏擾乱がGNSSによって観測されることがあります。この電離圏の擾乱は大地震に先行しても見られるという報告が見られます。最初の報告は2011年東北地方太平洋沖地震に先行する電離圏擾乱の変化で、地震発生の40分ほど前から統計的に有意な電離圏擾乱が見られるというものでした（図11.24）。その後、多くの地震に先行する電離圏擾乱が発見され、発生する地震が大きいほど先行する電離圏擾乱が長時間続くという主張もなされています。

　もしこの主張が正しければ、地震予知への大きな手がかりとなります。しかし、大地震に先行する電離圏擾乱があったとしてもそれが発生するメカニズムは明らかになっていません。大地震にともなう電離圏擾乱は、地表の変動が大気に力を与え、それが電離圏にまで広がっていくというものですが、大地震に先行する地表変位はごく微小で、大気を通して電離圏に擾乱を与えるとは考えられません。そのため、他のメカニズムを考える必要があります。

　また、そもそも観測されたとする地震前の電離圏擾乱が、地震とは関係ないノイズを見ているだけなのではないかという主張もあります。定量的な議論も行われていますが、主張が割れているというのが現状です。この分野の研究は近いうちに大きな発展があるかもしれません。

大地震に先行する重力変化

　もし大地震に先行する現象があるとして、その現象が断層すべりなどの質量の移動をともなっているならば、重力変化も観測できるかもしれません。

第 11 章　地殻変動観測が明かした地球の姿

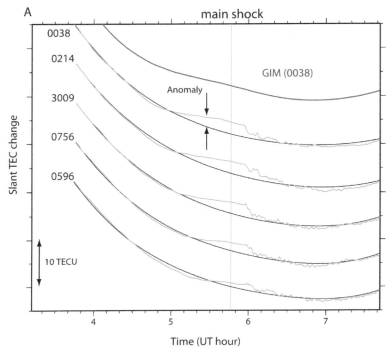

図 11.24　2011 年東北地方太平洋沖地震に先行して GPS 観測点で観測された電離圏擾乱の例。灰色の線は観測された電離圏総電子数の時間変化で、青い線は電離圏擾乱が生じなかった場合の電離圏総電子数の時間変化である。Heki (2011) より。

　ただ、地上での重力の連続観測点は限られていますが、2015 年ネパール地震に先立つ数年間に、震源域周辺の複数の絶対重力観測点で年間 20 μGal ほどの重力増加が観測されたという報告があります。重力変化が観測された観測点の数が限られているので、観測された重力変化をもたらす原因については分かっていません。

　最近、2011 年東北地方太平洋沖地震に数ヵ月間先行する重力異常が GRACE によって観測されたという報告がされました。それによると、沈み込む太平洋プレートの深部（100 km 以深）で東北地方太平洋沖地震の数ヵ月前から深部に引きずり込む力がはたらいたとすると観測される重力変化が説明できるとしています。しかし、観測された重力変化は統計的に有意ではないという指摘もあります。

184

第12章

火山と測地学の奥深い関係
火山活動による地球の変形

　世界には約 1,500 の活火山があり、そのうち 50–70 の火山が毎年噴火しています。そのうち日本には 111 の活火山があり、世界でも有数の火山大国となっています。火山活動が発生すると**図 12.1** に示すように地表が変形しますが、地表での観測を通して地下で起こっている現象のメカニズムを理解することができます。ここでは地殻変動観測により明らかになった火山活動の姿について紹介します。

12.1　火山はなぜそこにあるのか

　火山での地殻変動観測の話をする前に、そもそもなぜ地球上に火山ができるのか、噴火はどのようにして発生するのか、ということについて説明します。その知識なしには、この後の地殻変動の話が理解しにくいであろうから

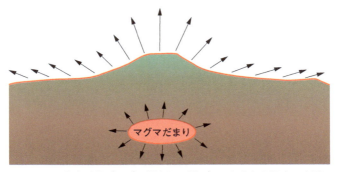

図 12.1　火山活動（マグマだまりの増圧）にともなう地表の変形

第12章　火山と測地学の奥深い関係

です。火山の生成はプレートテクトニクスと深く関わっています。活火山の発生する場所はプレートの発散境界・収束境界・プレート内部の三つに大きく分けられます。日本列島には過去12,000年の間に噴火した活火山が111個ありますが、全て収束プレート境界に発生する火山です。

発散プレート境界の火山

　発散プレート境界は新しいプレートが誕生する場所です。発散プレート境界では、プレートの相対運動によりプレート境界（海嶺）付近では質量が足りなくなります。足りなくなった質量を埋めるためには地下から質量を保存する必要がありますから、地下から高温の物質が地上に向かって浮上してきます。こうして海嶺付近で火山が生成されます（**図12.2a**）。発散プレート境界は、アイスランドや東アフリカの大地溝帯をのぞくとほとんどが海底にあるためにあまり注目されませんが、噴火体積は年間約20 km³で、世界の噴火による岩石の噴出量の80–90 ％は発散プレート境界の火山によるものです。

プレート沈み込み帯の火山

　プレートの沈み込み帯には活火山が発生しているところがあります。たとえば日本列島では太平洋プレートが東北日本や伊豆小笠原諸島の地下に沈み込んでおり、フィリピン海プレートが関東地方および西南日本の地下に沈み込んでいますが、東北日本から伊豆小笠原諸島にかけてと九州地方に活火山がほぼ線状に分布しています。太平洋の縁辺部では太平洋プレートの沈み込みにともなう火山が分布していて、環太平洋造山帯と呼ばれています。東北地方から伊豆小笠原諸島の火山も環太平洋造山帯を構成する火山の一部です。

　では、プレートの沈み込みにより火山ができるのはなぜでしょうか？　沈み込むプレートは周囲の物質よりも低温ですから、それが沈み込むことによってマグマができて火山になるというのは、よく考えてみたら不思議なことです。かつてはプレート沈み込みによるプレート境界での摩擦熱によってマグマができるという考え方が示されたこともありましたが、これは正しくありません。もし摩擦熱が発生すると摩擦熱で高温になった岩石の流動性が高まって摩擦力が小さくなってしまい、マグマを生産するのに十分な摩擦熱が得られないからです。

12.1 火山はなぜそこにあるのか

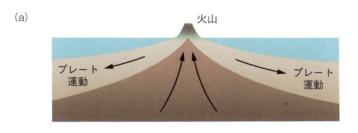

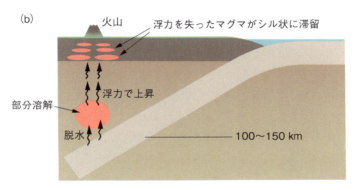

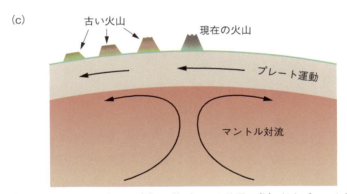

図 12.2 活火山の発生する場所。(a) 発散プレート境界、(b) 収束プレート境界（沈み込み帯）、(c) ホットスポット。

　この謎を解く鍵は、プレートとともに沈み込む水にあります。プレートが沈み込む場所（海溝）は海域になりますから、プレートは海水とともに地下に沈み込んでいきます。海水とともに沈み込んだ岩石は含水鉱物になりますが、地下 100 km および 150 km 付近の温度圧力状態で含水鉱物が脱水し、水がマントルに放出されます。マントル中の岩石は固体ですが、水を含むこと

187

によって融点が200-300度程度下がり、部分的に融解します。水などの例外を除き、固体は融解すると密度が下がりますので、融解してできたマグマは周囲より密度が低くなり、浮力を得ます。こうしマグマは地上へと上昇していきます（**図12.2b**）。

浮力を得て上昇したマグマは、そのまま地上まで浮上できるわけではありません。周囲の岩石は浅部にいけばいくほど密度が低くなりますから、マグマが得られる浮力も小さくなっていき、ある地点で浮力を得ることができなくなるからです。浮力を得ることができなくなったマグマは滞留し、マグマだまりを形成します。

マグマだまりで滞留しているマグマは、より低温な周囲の岩石によって次第に冷やされていきます。冷やされたマグマからは、凝固点の高い鉱物から結晶として析出していきます。析出する結晶は苦鉄質のより密度が高いものなので、残ったマグマの密度は低下し、再び浮力を得ることができます。これを繰り返すことによって、マグマは地表に到達し噴火に至ります。つまり、プレート沈み込み帯で生成するマグマにはさまざまな深さにマグマだまりが存在するということです。従来マグマだまりは球状もしくはそれに類するものが考えられてきましたが、最近の研究では、マグマだまりは水平の板状のもの（シル）の集まりであるとする考え方が有力です（**図12.2b**）。

プレート内部の火山

最後に、プレート内部に存在する火山について解説しましょう。地球上にはプレート境界だけでなく、プレート境界から遠く離れた場所にも火山があります。ハワイ・イエローストーン（米国アイダホ州・モンタナ州・ワイオミング州）・ガラパゴス諸島（エクアドル）などが典型例です。このような火山をホットスポットと呼びます。アイスランドは発散境界に位置していますが、ホットスポットと発散プレート境界が重なった特殊な例です。

マントルを構成する物質は固体ですが、長い時間スケールでは流体として振る舞います。第3章で述べたように、高温の地球内部の熱をより低温な表層部に輸送するために、マントルは対流しています。対流するマントルの地上への湧き出し口で火山ができています（**図12.2c**）。

マントル対流の様式は時間とともにあまり変化しませんから、地球中心か

ら見たときのホットスポットの位置は時間的にあまり変化しません。しかし、地表はプレート運動により動いています。そのため、地上でのホットスポット火山の位置はプレート運動を反映して移動しています。典型的な例がハワイ諸島から途中曲がってアリューシャン諸島へと続くハワイ-天皇海山列です。アリューシャン諸島から屈曲部まで伸びる海山列を天皇海山列、屈曲部からハワイ諸島まで伸びる海山列をハワイ海山列といいます。このような火山列ができるのは、プレート運動のためにマントルの湧き出し口の地表での位置が変化していくからです。ハワイ-天皇海山列の場合、海山の生成年代はアリューシャン諸島に近づくほど古くなり、屈曲部の海山は約4,000万年前に生成されました。このことから、太平洋プレートは約4,000年前までには北北西へと移動していたがそれ以降は西北西に移動していると考えられそうですが、最近では、数百万年以上の時間スケールではマントル対流の様式も変化し、したがってホットスポットの位置も変化するという考え方もあります。

　ハワイ-天皇海山列では、最も新しく誕生したハワイ島は大きいですが、ハワイ諸島は西に進むに従って島の面積が小さくなり、さらに西に進むと海底火山になってしまいます。これは最近火山活動が活発になっているからではありません。プレートはできてから年がたつにつれて厚くなっていきます。すると、アイソスタシーの原理により水深が深くなっていきます。そのため、火山が古くなっていくにつれて、火山の大きさそのものは変わらなくても海面より上に見える火山の体積は小さくなっていきます。そのため、ハワイ-天皇海山列ではハワイ諸島以外は海底火山なのです。

　前置きが長くなりました。火山のできかたをこのように長く解説したのは、火山のでき方の違いによってマグマだまりの場所や個数が違うからです。この後に述べるように、沈み込み帯の火山は地下100 km付近でできたマグマがゆっくりと上昇してきますので、途中に多くのマグマだまりがあります。それに対して発散プレート境界やホットスポットの火山は浅部にマグマだまりがあるだけで、数多くのマグマだまりはありません。火山における地殻変動観測の大きな目的の一つは火山活動にともなうマグマや熱水の動きをとらえることですが、マグマだまりや熱水だまりの位置・形状や増圧・減圧速度を知ることも火山における地殻変動観測の大きな目的の一つです。そ

第 12 章　火山と測地学の奥深い関係

のため、火山のできかたを知っておくことは、観測された地殻変動を解釈するのにも重要なのです。

12.2 マグマ・熱水だまりの増圧・減圧にともなう地表変形

　マグマだまりや熱水だまりにマグマや熱水が注入されると周囲の岩石に力が加わります。周囲の岩石は弾性体と考えられますから、力を加えられた岩石は変形します。地表の変形を計測することにより、マグマだまりや熱水だまりの位置・形状・体積変化・圧力変化を推定することができます。ここではマグマだまりの増圧や減圧がどのように地表の変形として簡素されるかについて解説します。

球状圧力源

　圧力源の形状として最も単純なものは球状圧力源です。均質な半無限弾性体の中の球状圧力源の膨張や収縮がもたらす地表の変形は 20 世紀前半から東京帝国大学地震研究所（当時）の妹沢克惟、英国地質調査所のアーネスト・アンダーソン、東京大学理学部の山川宣男らによって研究されてきました。初めて実際の火山の地殻変動データに応用したのは東京大学地震研究所の茂木清夫で、そのため、このモデルは茂木モデルとも呼ばれます。茂木モデルが発表されたのは 1958 年ですが、60 年以上たった現在でも、単純な解析解があること、周囲の岩石が均質であること・平坦な地形・圧力源の半径が深さよりも十分小さいこと、といった仮定があるにもかかわらず観測データをよく説明できることが多いこと、などから現在でも幅広く使われています。

　ただ、このモデルは最も単純なモデルではあるものの、最も一般的なモデルではないということに注意が必要です。というのは、球状圧力源は容器としては最も強いからです。すなわち、ある圧力がかかったときの体積変化は球状圧力源が一番小さいのです。言い換えれば、球という形状は高い圧力に耐えるには最も適した形状だとも言えます。そのような性質を用いて、耐圧容器として球状のものは広く使われています。話がそれましたが、このよう

190

な性質のため、球状圧力源を仮定すると地表変形から求められるマグマだまりの圧力変化や体積変化を過大評価してしまいます。岩石の強度は 1–10 MPa ほどで、これ以上の圧力がかかるとマグマだまりが破壊するのですが、球状圧力源を仮定すると、地表の変形を再現するためには岩石の強度以上の圧力増加を必要とする場合もあり、そのようなときには、マグマだまりの形状は球状ではなくもっとつぶれた形であろうと考えられます。

● より現実的なモデリング

図 12.2b に示すように、近年は地殻内のマグマだまりは一つの大きな容器ではなく多数のシルの集まりであるとする考え方が主流になっています。この考え方は岩石学など測地学とは違った知見からもたらされたものですが、観測された地殻変動を説明するにも好都合である可能性があります。というのは、シルの場合は少しの圧力変動で大きな体積変化をするので、地表の変形を説明するにあたって過大な圧力変化を考える必要がないからです。

シルも球状圧力源も、圧力源の直上で隆起します。図 12.3a に示すように、上下変動だけを見ているとシルと球状圧力源のもたらす地表変位は区別ができません。しかし、これらの圧力変動に対応する水平変動は両者で大きく異なります。図 12.3b に示すように、鉛直変位が同じくらいである場合、シルによる水平変位は球状圧力源によるそれよりも小さくなります。すなわち、GNSS による観測のように水平変位と上下変位との両方を計測することができると、マグマだまりの形状についてより強い拘束を与えることができ

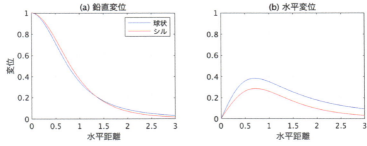

図 12.3 （a）に示すように、球状圧力源とシルによる鉛直変位場は区別できないことがあるが、対応する水平変位場は異なるので、鉛直・水平変位を両方観測することによって圧力源の形状を拘束することができる。

ます。

　ここまでは周囲の岩石が均質な弾性体であって地表が平面であると仮定してきました。しかし、現実には地表には地形の凹凸が存在しますし、地下の構造も不均質です。このような効果を考えるとより現実的なモデルをつくることができますが、あまりに複雑なモデルを考えると計算に時間がかかりますし、地表に見えている地形はともかく、地下構造は地震波などによる情報から推測したものであって実際には見えていませんので、あまり細かい構造を仮定しても意味がなさそうです。さらに、あまり細かい構造を考えても地表の変位場に影響を与えないこともあります。ただ、火山に限らず地球は深さによって物性が変わる層構造をしていますから、少なくともそれを考慮することは有用です。また、力源の深さ程度以上の波長の地形を考慮することはモデルの精度を高める上で有用です。言い換えれば地形の細かい凹凸を考えても地表の変形にあまり影響を与えないということです。

　地震の余効変動や間氷期変動を考えるときには下部地殻以深が粘弾性体であることを仮定しましたが、火山の地殻変動を考えるときも粘弾性体を導入することがあります。火山地域でよく見られる長期間に及ぶ地殻変動は、地震の余効変動と同じように、マグマだまりの増圧にともない下部地殻が粘弾性変形することによって説明できるという研究もあります。ただ、多くの場合下部地殻の粘性をかなり低くしないと観測される地表変形を説明することができない場合が多く、火山地域で高温になっているからといって下部地殻が周囲よりも低粘性であるのは現実的なのかという議論もあります。また、上部地殻のマグマだまり周辺だけが高熱により粘弾性体になっているというモデルもあります（**図12.4**）。この場合、マグマだまりの増圧が一瞬で発生したとしても、地表の変形はある程度の時間をかけて進行します。ただ、このような地下構造が現実に存在しうるのか、地震波速度構造や比抵抗構造、マグマ貫入の数値シミュレーションなどと見比べて考えていく必要があります。

12.3　マグマの移動にともなう地表変形

　マグマがマグマだまりから地上に向けて、もしくは水平に移動していく原

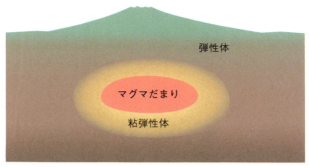

図 12.4 マグマだまりの周辺だけが粘弾性体でそれ以外は弾性体を仮定して地殻変動モデリングすることもある。

因はいくつかあります。まず、マグマだまりにマグマが注入されると、マグマだまりの圧力が高まります。その圧力が岩石の破壊強度を上回るとマグマだまりの壁は破壊され、マグマはマグマだまりの外へと移動します。また、マグマだまりが地震動など何らかの理由で発泡するとマグマだまりの圧力が増加します。炭酸飲料を振ると溶けていた気体が溶け出して容器の圧力が高まり、フタを開けると激しく吹き出すのを思いだすと分かりやすいでしょうか。さらに、マグマの密度が下がり周囲の岩石の密度よりも低くなりますので、マグマは浮力を得ます。これらによりマグマはマグマだまりを出て上昇を開始します。さらに、マグマだまり中のマグマが周囲の岩石によって冷やされると結晶分化作用により、凝固点の高い鉱物から結晶として析出していきます。析出する結晶は苦鉄質のより密度が高いものなので、残ったマグマの密度は低下し、再び浮力を得ます。これがマグマ上昇の原動力になることもあります。

マグマが玄武岩・安山岩などの低粘性から中粘性のものである場合、ダイクやシルのように板状に移動するのがエネルギー的に最も効率がよくなります。ダイクやシルができると、先端に応力が集中します。そのため、マグマがさらに供給されるとダイクやシルがさらに伸長していきます。切れ目の入った紙を切れ目に垂直な方向に引っ張ると切れ目がどんどん伸びていくことを考えれば分かりやすいでしょうか。

シル貫入による地殻変動については**図 12.3** で解説しましたので、ここではダイク貫入による地殻変動について解説します。ダイク貫入にともなう地

第 12 章 火山と測地学の奥深い関係

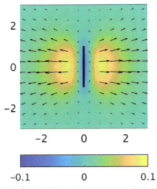

図 12.5 南北走向の鉛直なダイク貫入にともなう地表変位分布。水平変位はベクトルで、鉛直変位は色で表す。鉛直変位の大きさは、ダイク開口量を 1 としたときの大きさである。ダイクの地表投影は黒い四角形（線）で記している。

表の変形は**図 12.5** のように表せます。ダイクが貫入すると近くが押し広げますから、地表も全体として押し広げられるような変形をしますが、ダイク貫入の直上では水平変動はありません。水平変動が最大となるのはダイク貫入の場所から少し離れた場所で、貫入した深さが深いほど水平変動が最大となる場所は貫入した場所から遠くなります。そのため、空間的に密な観測をすることによってダイク貫入の場所や深さを知ることができます。次に上下変動について見ていきましょう。貫入したダイク直上の地表では沈降が観測されます。水平変動と同じように、変動量が最大になるのは貫入した場所から少し離れた場所で、貫入した深さが深いほど隆起が最大となる場所は貫入した場所から遠くなります。

　ここまで述べた変位分布から、ダイク貫入の観測には傾斜計やひずみ計測など変位の空間微分を計測するのが有効であることが分かります。ある場所で観測していたときに、ダイク貫入が深い場所で発生した場合には変位が最大になる場所はダイク貫入の発生場所から遠い場所になりますから、観測される傾斜はダイクが貫入した場所へ向きますし、ひずみ計では伸長が観測されます（**図 5.4**）。噴火が近づきダイクが浅くなると、反対に、観測される傾斜はダイクが貫入した場所と反対方向に向きますし、ひずみ計測では収縮が観測されます。

　傾斜計でこのような変動が観測された例として、伊豆半島東方沖群発地震

があります。伊豆半島東方沖では 1970 年代から 1990 年代末期にかけて毎年のように群発地震が発生していました。1989 年に静岡県伊東市の沖数 km の海底から噴火し、一連の群発地震が火山性のものであることが分かりました。この群発地震にともなう地殻変動についてはさまざまな研究が行われ、観測された地殻変動は主にダイク貫入によるものであるということが分かってきました。ここでは 1997 年に発生した群発地震を紹介します。1997 年伊豆半島東方沖群発地震にともない GEONET による GPS 観測網や傾斜計・ひずみ計により地殻変動が観測されました（**図 12.6a**）。この中で、貫入したダイクの輸送経路に強い拘束を与えたのが傾斜系の記録でした。**図 12.6b** に示すように、群発地震発生域から数 km のところに設置された傾斜計による傾斜方向は群発地震途中で変化しています。このことは、貫入したダイクが浅くなることにより傾斜系によって記録される傾斜方向が変化したことによると考えられます。

　ここまで比較的低粘性のマグマが浅部に貫入することによる地殻変動について解説してきました。デイサイトや流紋岩など高粘性のマグマはダイクのような狭い隙間を通ることができませんので、圧力源の形はより球に近い形になります。火山によって圧力源の形はまちまちですが、回転楕円体であったり円柱状であったりします。特に、円柱状の圧力源をマグマが動く場合には粘性抵抗により円柱の側面（火道壁）にせん断応力を与えます。これによる地表の変形も観測されることがあります。

12.4　噴火にともなう地表変形

　ある程度以上の規模の噴火が発生すると、地下、とりわけマグマだまりから物質が失われるので火山は収縮します。また、特に高粘性のマグマは溶岩ドームを形成しますが、高温のまま地上に出現した溶岩ドームは周囲の岩石や大気によって冷やされ収縮していきます。ここでは、そのような地表変形について取り上げます。

マグマだまりの収縮にともなう地表変形

　噴火によるマグマだまりの収縮によって地表変形が起きる例は数多く報告

第 12 章　火山と測地学の奥深い関係

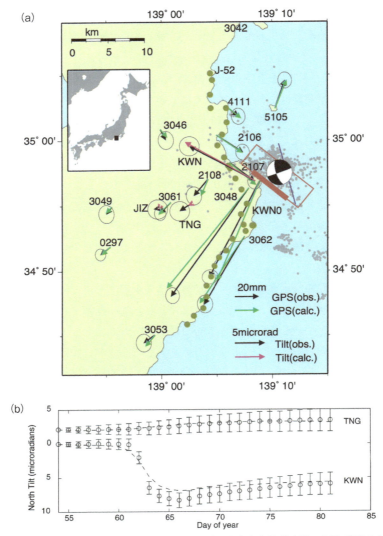

図 12.6　(a) 1997 年伊豆半島東方沖群発地震にともなう地殻変動。北西−南東走向のダイク貫入により GPS（緑）や傾斜計（紫）の記録を説明できる。(b) 傾斜系の記録（南北成分）。KWN の傾斜方向が途中で反転しているが、ダイクが浅部へ移動したためである。

12.4 噴火にともなう地表変形

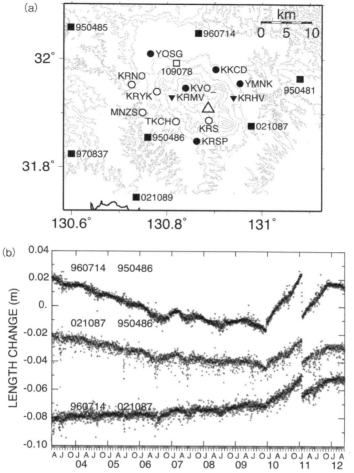

図 12.7 2011年新燃岳噴火にともなう地殻変動。(a) 観測点分布、(b) いくつかの観測点間の距離変化。2011年噴火に1年ほど先行して山体膨張が生じ、噴火とともに収縮し、その後山体が再膨張していることがわかる。

されていますが、典型的な例の一つは2011年・2018年に発生した新燃岳(鹿児島県・宮崎県)の噴火です。図12.7に示すように新燃岳をはさむGNSS観測点間の距離は噴火に先立って伸長していき、これは地下でのマグマの蓄積を示していますが、噴火と同時に距離が短縮しています。流動性の高い低粘性マグマの場合はマグマだまりからマグマが水平に移動し、マグマだまりか

ら離れた場所で噴火することがありますが、その場合にもマグマだまりからマグマが失われることにより直上では収縮が観測されます。典型的な例として1983年から活動が続くハワイ島のキラウエア火山（米国ハワイ州）・2000年三宅島噴火・2014年バルダルブンガ火山（アイスランド）噴火があります。たとえば、三宅島では山頂からの噴火もありましたが、島の収縮の主な原因は島の地下からマグマが西北西方向に流出したことです。

　ある程度以上の規模の噴火が発生すると山体からマグマが消失することによって山体は収縮すると考えるのが自然で、実際に山体の収縮が観測される場合も多いですが、実際には噴出量に見合うだけの山体収縮が発生しないことも多くあります。このことは、マグマの圧縮性とマグマだまりの形状によってある程度は説明できます。もしマグマだまりが球状に近いとすると、容器としてのマグマだまりは強い、同じ体積のマグマがマグマだまりから出ていってマグマだまりに残ったマグマが膨張したとしても、他の形状のマグマだまりよりも体積変化が小さくなります。実際に、地表の変形量から予想されるマグマだまりの体積変化よりも噴出したマグマの体積が数倍大きい場合はよくあります。ただ、**図 12.2b** に示すように、近年の岩石学的研究からは、マグマだまりはシルの集合であるとされていますが、岩石学的な知見と力学的な知見との折り合いをどうつけるかは今後の課題であるかもしれません。

　噴火が発生して山体が収縮すると、その後に山体が膨張することがよくあります。**図 12.7** に示すように霧島新燃岳の噴火でも観測されましたし、2018年キラウエア火山噴火でも観測されました。上部地殻にあるマグマだまりにはより深部からマグマが供給されているわけですが、噴火が発生するとマグマだまりの圧力が下がり、深部との圧力勾配が生じます（**図 12.8**）。物質は圧力の高いところから低いほうに流れますから、圧力の下がったマグマだまりに向かって深部からマグマが流入し、マグマだまりの圧力が回復します。マグマには粘性がありますのでマグマだまりの圧力は一瞬で回復するわけではなく、時間をかけて回復します。

溶岩ドームの熱収縮
　マグマは溶岩や火山灰として地上に噴出しますが、いずれにしても噴出し

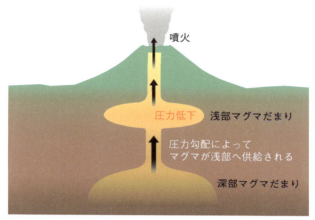

図 12.8 噴火が発生すると、浅部マグマだまりの質量が失われるため圧力が低下し、圧力勾配によって深部マグマだまりからマグマが浅部へ供給される。

たときは高温です。噴出物は噴出後急激に冷やされ収縮します。そのため、地表に定置した溶岩は収縮していきます。この変形は合成開口レーダーによって地表の沈降として観測されます。

これまでさまざまな場所で溶岩の収縮が観測されてきましたが、ここでは有珠山（北海道）の過去の噴火により出現した溶岩ドームの収縮について解説します。

有珠山では 1910 年・1943-45 年・1977-82 年・2000 年と 20-30 年ごとに噴火を繰り返しています。有珠山のマグマはデイサイトで高粘性であるため、噴火の際には溶岩ドームを生成します。とりわけ有名なのは 1943-1945 年噴火の際に麦畑から誕生した昭和新山で、比高は約 300 m あります。

合成開口レーダーからは最近 3 回、つまり 1943-45 年・1977-82 年・2000 年噴火にともない誕生した溶岩ドームで沈降が観測されました。この中で最も古い昭和新山では 1990 年代から 2010 年代まで年間約 15 mm 程度の一定速度で沈降していましたが、1977-1982 年噴火により溶岩ドームでは沈降が減速しています。2000 年噴火によって生成した溶岩ドームの規模は小さく、2000 年代中盤には沈降が観測されていたものの 2010 年代中盤には沈降が観測されなくなっています。

これらの沈降の時間変化が溶岩ドームの熱収縮で説明できるとすると、観

測された地表変動から溶岩ドームの熱的パラメータを推定することができます。合成開口レーダーと水準測量から求められた有珠山の溶岩ドームの変形からは、顕著な変動が観測された三つの溶岩ドームのうち昭和新山の岩石の熱拡散率は実験室で求められた値と同程度であるのに対して、より最近の噴火でできた二つの溶岩ドームの（見かけの）熱拡散率は実験室で求められた値の10倍以上になりました。これは有珠山のすぐ隣には洞爺湖があり、有珠山には地下水が豊富に存在するであろうことによって説明されます。実際に、有珠山の噴火はマグマが地下水に触れることによって水が気化することにより爆発力を得る水蒸気爆発が主ですし、有珠山周辺には洞爺湖温泉や壮瞥温泉などの温泉地が存在します。この豊富に存在する地下水が、噴火直後には溶岩ドームの熱を効率的に周囲に逃がすはたらきをしていると定性的には考えられます。噴火から80年近くたった昭和新山ではそのようなはたらきが見られない理由や熱を効率的に逃がすために必要な地下水の量など、より定量的に現象を理解するためには今後の研究が必要です。

12.5 測地学による噴火予知

　火山噴火予知とは、噴火の場所・時間・様式・規模をある程度の精度をもって予測することをいいます。火山噴火予知は地震予知よりは希望がもてるかもしれませんが、被害が発生する可能性のある噴火を予測できないことが多いのは2014年御嶽山噴火の例を見てもお分かりでしょう。火山噴火は複雑な現象で、地殻変動データだけでなくさまざまな観測データを組み合わせなくては理解できません。ここでは、火山噴火予知の現状と今後の課題について主に測地学の立場から解説します。

火山噴火の場所の予測

　火山噴火予知とは噴火の場所・時間・様式・規模を予測することであると先に述べましたが、この四つのどれをとっても難しさがあります。ここではこの四つの要素に分解して難しさを解説していきます。

　噴火の場所を予測するのは一見難しくなさそうに思えます。噴火が発生するのはほとんどの場合既存の活火山だからです。しかし、浅間山のようにほ

ぼ確実に山頂から噴火する火山は少数で、多くの火山では山頂から噴火するとは限りません。噴火が活火山のどこから噴火かを予測することは、科学的に興味深いだけでなく災害予測の観点からも重要です。噴火の発生地点によって被害が及ぶ範囲が違うからです。

　火口の位置は活火山にはたらく応力場によって決まります。ここでは富士山を例にとって解説しましょう。富士山はフィリピン海プレート・アムールプレート・オホーツクプレートの三重会合点付近に位置します。フィリピン海プレートはアムールプレートやオホーツクプレートに対して北西に運動し、伊豆半島北端付近で衝突しています。そのため、富士山付近は北西−南東方向に圧縮されています。富士山のマグマは玄武岩質で粘性が低いので、浅部にはダイクとして上昇してきますが、ダイクの走行は水平最大圧縮方向になります。なぜなら、その場合のダイクの開く方向は水平最小圧縮方向になり、ダイクが開くのにエネルギーを最も使わなくて済むからです。富士山付近は北西−南東方向に圧縮されていますから、富士山周辺では主に北西−南東方向にダイクが貫入します。実際に、富士山の火口は北西・南東麓に集中していますし、富士山を上から見た形も円形ではなく北西−南東に伸長した形をしています（**図12.9a**）。ただ、富士山そのものによる荷重を考えると、山頂付近の応力場は等方に近くなります。そのため、富士山の山頂付近の火

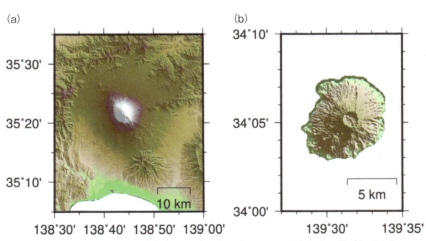

図12.9 (a) 富士山および (b) 三宅島。富士山は北西−南東方向に伸びた形をしているのに対して三宅島は円形に近い形をしている。

口は等方的に分布しています。なお、フィリピン海プレート北端に近い伊豆大島の応力場も北西―南東圧縮なので島の形が北西―南東方向に伸長していますが、より南方にある三宅島の応力場はより等方に近く、島の形も円に近くなります（**図12.9b**）。

前置きが長くなりました。山頂付近は別として、富士山には北西麓および南東麓に火口が多く分布しています。すなわち、富士山の噴火は北西麓、もしくは南東麓で発生する可能性が高いと考えられます。山頂では過去約2,200年間噴火が発生していません。すなわち、次の噴火の発生場所は北西麓、南東麓、もしくはその両方なのですが、噴火の場所によって被害を受ける場所は大きく変わります。たとえば、青木ヶ原樹海をつくった864-866年貞観噴火は北西麓から溶岩流を噴出する噴火でしたが、この噴火による被害は北西麓に限定され、南東麓の被害はほとんどありませんでした。

このような観点から、噴火がどこから発生するかを予測することは災害軽減の観点からも重要なのですが、簡単なことではありません。その理由の一つとして、マグマの上昇経路がよく分かっていないということがあげられます。山腹噴火をする火山のマグマ上昇経路として、**図12.10**のようなモデルがよく提唱されます。この場合、最終的に異なった場所から噴火が発生するにしても、浅部に至るまでのマグマの経路は同じということになります。そのため、マグマ上昇の過程で地殻変動データなどに異常が見られることがあったとしても、噴火の場所が予測できるのは噴火に至る最終段階、つまりマグマが噴火地点に向けて水平に動き出してからということになります。

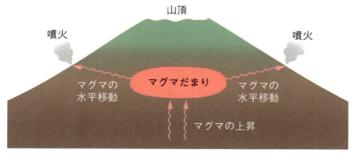

図12.10 山腹噴火の概念図。

火山噴火の時刻・規模の予測

次に、火山噴火の時刻や規模の予測について考えてみましょう。火山噴火はマグマや熱水の深部からの移動の結果発生しますので、噴火に先行して地殻変動など各種の観測量の変動が見られます。しかし、噴火の兆候を示すそのような変動が見えたからといって必ずしも噴火に至るわけではありません。実際、長期的には浅部に貫入してきたマグマの体積の9割は噴火せずに山体中にとどまり、山体の成長に寄与します。噴火として地上に放出されるのは貫入体積の1割ほどであるというわけです。

また、浅部に貫入してマグマはある程度以上のまとまった体積がないと、マグマにはたらく浮力がマグマの粘性抵抗や周囲の岩石の弾性力に打ち勝ってマグマを地上まで運ぶことができません。マグマだまりからマグマがダイクとして上昇するとして、マグマだまりが10 kmの深さにあるとすると、マグマの粘性率やマグマと周囲の岩石の密度差など、さまざまなパラメータにもよりますが、噴火を引き起こすことができる最小の貫入体積は100万 m^3 ほどになります。2015年8月15日に桜島（鹿児島県）でダイク貫入があり、約12時間の間に数百 mmの地殻変動が発生したものの噴火に至らなかったという噴火未遂がありましたが、このときのマグマ貫入体積が約270万 m^3 ですから、100万 m^3 という値は決して小さくはありません。ただ、噴火を引き起こすことができるマグマの最小貫入体積は理論的にはマグマだまりの深さの4乗に比例しますから、マグマだまりの深さが半分になると、噴火を引き起こすことができるマグマ貫入の最小体積は16分の1になります。つまり、マグマだまりの深さが5 kmだと、10万 m^3 以下の貫入でも噴火を起こしうるということになります。これほど小さな体積のマグマ貫入は地表での地殻変動観測ではとらえることが困難であるため、活動を正確に把握するためには地殻変動だけでなく地震活動や火山ガスなど他の観測項目に頼らざるを得ません。

このように、異常な地殻変動が観測されたからといって、それがそもそも噴火につながるのかということを予測することも難しく、ましてやいつ噴火するのかを予測することは極めて困難です。しかし、マグマの貫入体積が大きい場合には、マグマにはたらく浮力が粘性抵抗や周囲の岩石の弾性力などの抵抗に打ち勝つ可能性が高くなりますから、噴火につながる可能性が高い

とは言えるでしょう。また、マグマ噴火の場合には貫入体積から予想される体積よりも実際の噴火体積が大きく上回ることは考えにくいので、大噴火が発生する場合にはマグマの貫入体積も大きい、すなわち観測される地殻変動も大きいと単純に考えることはできるかもしれません。

火山噴火は、マグマ噴火やマグマ水蒸気爆発のようにマグマが直接関与する噴火ではなく、マグマの熱によって地下水が温められ、地下水が気体になることによる圧力増加が噴火の原動力になる水蒸気爆発もあります。この場合、マグマが深部にとどまっているだけですので、噴火に先立って異常な地殻変動が観測しにくくなります。

噴火に先行する地殻変動

ここまで火山噴火予測の難しさを強調してきましたが、地殻変動をはじめとした各種観測が火山噴火予測に全く役に立たないと主張しているわけではありません。火山噴火を予測するために最も有力な観測手段は地震観測や火山ガス観測ですが、地震や火山ガス放出に先行して地殻変動が観測される場合もあります。その例として、伊豆半島東方沖群発地震を再び取り上げます。

伊豆半島東方沖では 1980 年代から 1990 年代にかけて毎年のように火山生の群発地震が発生していましたが、そのいくつかの群発地震について、地震活動に先立ち傾斜変動が開始していることが発見されました（**図 12.11**）。

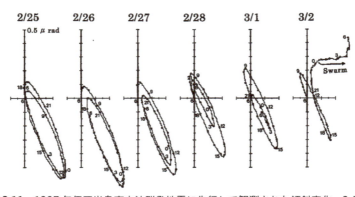

図 12.11 1997 年伊豆半島東方沖群発地震に先行して観測された傾斜変化。2 月 25 日から 3 月 1 日までは潮汐の影響で傾斜方向の軌跡が楕円形になっている。3 月 2 日は 15 時ごろから火山活動による傾斜変動が開始し、3 月 3 日 0 時ごろから群発地震が始まった。Okada et al. (2000) より。

この観測は、高温であるために地震を起こすことができない、つまり岩石が「パキッと」割れることができない深さにマグマが貫入していたと解釈されます。その後、地震を起こすことができる深さにマグマが貫入したときに群発地震活動も始まったというわけです。このことは、地殻変動の記録を監視していることによって火山活動の開始をより早く検知することができるということを意味しています。

第13章

人間も地球の形を変えている
人為的な要因による地球の変形

　地球の変形をもたらす人為的な要因といえば何を思い浮かべるでしょうか？　人によるでしょうが、産業活動などによる地球温暖化が地球を変形させているかもしれないと思うかもしれません。実際に、極域の氷床が急速に溶けていることによって地球は変形していますが、第10章で議論しましたのでここでは扱いません。そのほかに、地下水の掘削や地下への流体の注入によっても地殻変動が発生します。ここでは、気候変動以外の人間活動による地殻変動について解説します

13.1　地下水の汲み上げにともなう地球の変形

　工業や農業などの人間活動には多くの水が必要です。水を得るために地下水を過剰に汲み上げると、地盤沈下が発生します。日本では20世紀初頭に地盤沈下の存在が認識され、20世紀後半までは主に都市部で急激な地盤沈下が発生し、累計で数mの地盤沈下が見られた地域もあります。海外では現在でも深刻な地盤沈下問題に直面している国もあります。ここでは、地下水の汲み上げにともなう地盤沈下について解説します。

地殻とスポンジの類似点

　第9章の地震の余効変動の解説のところでも説明しましたが、地下の土壌や岩石には、特に圧力の低い浅い部分には空隙が多くあって、その空隙は地下水で満たされていることがあります。水を吸い込んでいるスポンジを想像してください。スポンジの場合は全体に空隙がありますが、地下の岩石は空

隙が多く水を通しやすいところと水を通しにくいところがあり、地下水は水を通しにくいところの上部にたまります。

地下水の汲み上げは、そのスポンジに吸い込まれている水を抜くようなものです。水を抜かれたスポンジは体積が減少します。同様に地下水が汲み上げられると地表は沈降します。

石灰岩など水に融解しやすい岩石で構成された場所では、地下水が岩石を侵食するなどして空洞を形成し、地表まで続く大きな穴（シンクホール）を開けたり穴に向かって岩石が崩壊したりすることもあります。

●地盤沈下の観測例

人間活動による地下水の汲み上げに起因する地盤沈下が日本で最初に認識されたのは1915年の寺田寅彦による東京都東部の水準測量によってであると言われています。首都圏を含む関東平野は堆積層が厚いこともあり地下水が豊富であり、その汲み上げにより地盤沈下が発生してきました。**図13.1**に示すように、東京都では早い場所では明治時代後期から地盤沈下が始まり、第二次世界大戦中に沈降速度が低下したものの、戦後も地盤沈下が進行し、最大で年間数百mmの地盤沈下が観測された場所もありましたが、地下水の汲み上げを制限する法律が整備されたことから、昭和50年（1975年）頃までで大きな地盤沈下は止まっています。この間、東京都東部の多くの地域では1m以上の地盤沈下が観測され、最大で4m以上の地盤沈下が観測されました。同様に堆積層の厚い大阪平野でも最大で2mを超える地盤沈下が観測されました。

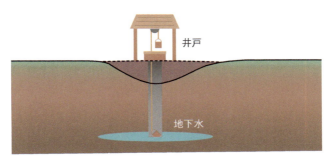

図13.1 地下水のくみ上げによる地表の沈降の模式図。

顕著な地盤沈下が観測されたのは日本だけではありません。たとえば、米国でも、日本とほぼ同時期に約 40,000 km² の土地が地盤沈下しました。たとえば、カリフォルニア州サンホアキンバレーでは 1925 年からの約 50 年間で 8 m を超える地盤沈下が観測されました（**図 13.2**）。地下水の汲み上げを制限する法整備などもあり、現在では先進国ではせいぜい年間数十 mm の地盤沈下しか観測されませんが、発展途上国では今でも大きな地盤沈下が観測される場所があります。

衛星測地技術の登場前は主に水準測量によって地盤沈下が観測されてきましたが、衛星測地技術の登場後は主に SAR によって地盤沈下が観測されるようになりました。地盤沈下は比較的狭い範囲で発生するので、空間分解能の高い観測の可能な SAR が観測手段としては最も適切です。

1970 年代以降日本列島では大規模な地盤沈下は発生していませんが、それでも地盤沈下が完全になくなったわけではありません。たとえば、房総半島では水溶性天然ガスの採掘にともない地下水を汲み上げているため、現在で

図 13.2 カリフォルニア州サンホアキンバレーの沈降。1925 年・1955 年・1977 年の地面の高さが記されており、約 50 年で 8 m 以上地盤沈下したことが分かる。https://www.usgs.gov/media/images/location-maximum-land-subsidence-us-levels-1925-and-1977 より。

も最大で年間 20–25 mm の速度の地盤沈下が SAR や水準測量によって観測されています（**図 13.3**）。そのほかにも、日本列島の多くの平野では地盤沈下が観測されています。

日本列島では法整備もあって年間数十 mm の速度を超える沈降は現在では観測されていませんが、海外、特に発展途上国では現在でも年間数十 mm の速度を超える沈降が観測されている場所があります。昨今問題となっている地球温暖化による海面上昇が年間 3 mm 程度であることを考えると、年間数十 mm を超える地盤沈下がいかに大きいかが分かるでしょう。

たとえばメキシコシティでは、過去 100 年以上にわたって最大で年間 500 mm 以上の速度で地盤沈下が継続しています。つまり 100 年間で最大 50 m 以上標高が下がったということです。メキシコシティは標高約 2,300 m の場所にありますから 50 m 標高が下がっても海に沈んでしまうということはないのですが、建物が傾くなど生活に与える影響が大きいことは明らかです。このメキシコシティの沈降は地下水位と強い相関があり、沈降の原因は地下水の汲み上げによるものと言えます。

大都市は多くの場合平地にあり、平地は川の下流など海の近くに多くできます。つまり、海岸の近くに位置する大都市は多くあります。海岸付近は標

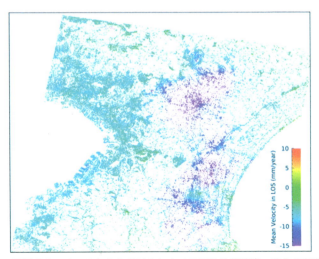

図 13.3 房総半島の 2015 年から 2019 年までの平均沈降速度。紫色の部分が大きく沈降している。Nonaka et al. (2020) より。

第13章　人間も地球の形を変えている

高が低いので、地盤沈下と地球温暖化による海面上昇が重なると、都市その
ものの消滅につながりかねません。実際に、インドネシアの首都であるジャ
カルタでは1980年代から2010年頃まで年間最大250mmを超える沈降が観
測され、このままの速度で沈降が進むと2050年には市街地の25％が海面下
に沈むと予測されています。この5-10年ほどは、地下水の汲み上げ量が減っ
たために地盤沈下はせいぜい年10mm程度と大きく減速しています。とは
いえ、インドネシアで2024年以降に行われるカリマンタン島への首都移転
の理由の一つはジャカルタでの地盤沈下であることは確かです。

　現在の海面上昇速度は年3mm程度で、地盤沈下が全く起こらなかったと
しても海面に対する地面の高さは低くなっているのですが、海面上昇速度を
上回る速度で地盤沈下が進行している都市は多くあります。そのような都市
は東アジア・東南アジア・南アジアに多いですが、米国・オーストラリア・
ヨーロッパにもあります。

13.2 流体注入による地球の変形

　ここまで地下水の汲み上げにともなう地殻変動について解説してきました
が、逆に流体を注入したときの地殻変動について考えてみましょう。1990年
代頃から新しいエネルギー源として頁岩という堆積岩から採取されるシェー
ルガスという天然ガスが新しい天然ガス資源として注目されてきました。し
かしこの天然ガス採取が地震や地殻変動を発生させます。ここではこのよう
な地下への流体注入がもたらす地球の変形について解説します。

誘発地震にともなう地表変形の観測

　鉱山での活動や地下への注水により人工的に引き起こされる地震について
は早くから認識されていました。このような地震をここでは誘発地震と呼び
ます。南アフリカ共和国の鉱山で1894年に発生した地震が、世界で初めて認
識された誘発地震だと言われています。地震計による誘発地震の観測が初め
てされたのは1908年にドイツの鉱山でのことでした。その後、石油やガスの
掘削・貯水・注水などによる誘発地震が、北米大陸やヨーロッパなど地震の
少ない地域で数多く観測されてきました。特に、1960年代には米国コロラド

州での注水がマグニチュード5を超えるものを含めた多くの地震を発生させ、多くの注目を集めることになりました。

21世紀に入り、先に述べたようにシェールガス採取が多くの誘発地震を引き起こしました。特に北米大陸では顕著で、地震活動が通常は低調な南部などで多くの地震が発生しました。実際、2014年から2018年にかけて、オクラホマ州では太平洋プレートと北米プレートの境界が位置するカリフォルニア州よりも多くの地震が発生していました。オクラホマ州などで発生する誘発地震には被害を及ぼしうるマグニチュード5を超えるものも数多く含まれていますから、科学的な注目だけでなく社会的な注目も集めることになりました。その後北米大陸では水圧破砕によるシェールガス採掘が減少し、それと同時に地震活動も低下しました。

誘発地震は北米大陸だけでなく他の地域でも発生します。たとえば、2017年には、通常は地震活動が少ない韓国東部で地熱発電のための掘削を原因とする浦項地震（マグニチュード5.5）が発生し、建築物などに多くの被害が出ました。そのほかにも人間活動によって発生したのではないかと言われている地震は数多くありますが、後で述べるように誘発地震の発生メカニズムそのものは通常の地震と変わらず、地震波形などを見るだけではその地震が誘発地震であるかどうかの識別はできません。その地震が誘発地震であると判断するためには、地震記録だけではなく、たとえば注水量と浅部の地震活動が同期しているなどの独立な情報が必要になり、多くの場合判断が困難です。

誘発地震は地下数kmほどの浅部で発生し、マグニチュード5を超えることがありますから、地震にともなう地殻変動が観測されることがあります。ただ、マグニチュード5程度ですとノイズレベルを超える変動が観測されるのは震央近傍のみですので、GNSSで変位が観測されたとしても、観測点密度を考えると1点もしくは少数の観測点でしか観測されず、地震についての情報を引き出す事は困難です。そのため、誘発地震にともなう地表変形は主にSARで観測されています。今までに、いくつかの誘発地震について地表変形がSARにより観測されています。また、注水にともなう隆起が観測された例もあります。このような地殻変動を観測することにより、注入された流体がたまっている場所やその量を同定することができます。

近年、注水にともない通常の地震だけでなくスロー地震も観測されるよう

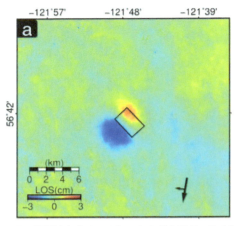

図 13.4 InSAR により観測された 2017 年にカナダ南西部で注水にともなう地殻変動。数 cm の地殻変動が観測されている。Erye et al.（2022）より。

になりました。**図 13.4** に注水にともないカナダ南西部で発生したスロー地震が SAR により観測された例を示します。このスロー地震にともなう断層運動はマグニチュード 5.0 に相当しますが、発生した（通常の）地震は最大マグニチュード 4.55 で、マグニチュード推定の誤差を考えても、半分以上のエネルギーが地震波を出さずに解放されたことを意味します。マグニチュードが 0.5 大きな地震は約 5.6 倍のエネルギーを放出することに注意しましょう。現在のところ、誘発地震としてスロー地震が発生したという事例は少なく、そのメカニズムについては分かっていません。

誘発地震発生のメカニズム

では、地下への注水にともなう誘発地震はなぜ発生するのでしょうか？地下に注水がなされると、水圧により新たにつくられた亀裂もしくは既存の亀裂に水が入ります。この水が誘発地震を発生させるメカニズムは主に二つあります。一つは亀裂に水が入ることによって亀裂が開き、それによって亀裂先端に力が集中し、それを解放するために地震が発生するというものです（**図 13.5a**）。紙にハサミで切れ目を入れ、切れ目の線に垂直な方向に引っ張ると切れ目が伸びていきますね。これは切れ目の先端に力が集中しているため、先端から亀裂が伸びていくためです。

図 13.5 注水により発生する地震のメカニズムの概念図。

　二つ目は亀裂に水が入ることによって亀裂がすべりやすくなることにより地震が発生するというものです（**図 13.5b**）。両手を体の前で合わせてそれぞれの手を上下に動かすのを想像してみましょう。手が乾いているよりも湿っていたほうが、手が滑らかに動かせるでしょう。亀裂に水が入ることによってすべりやすくなるというのはこれと同じです。

　誘発地震の震源域は時間とともに移動していくことがあります。この原因は主に二つあります。一つは、注入された水が岩石中にしみ込んでいくことです。これを拡散といいます。拡散の速さは水がどれくらいしみ込みやすいかを示す透水率によって変わりますが、透水率が高い、つまり「スカスカ」な岩石ほど透水率が高くなります。また、この震源域の移動速度から岩石の透水率を見積もることも可能です。

　二つ目は、岩石中の水圧（間隙水圧といいます）の勾配によって水が移動することです。注水にともなう誘発地震が発生すると、地下の力のバランスが変わり、間隙水圧の高いところと低いところができます。水は圧力の高いところから低いところに流れますから、間隙水圧の高いところにある水は間隙水圧の低いところに流れます。そうするとさらに力のバランスが変わり、誘発地震が発生するというわけです。

参考文献

Abe, T., Iwahana, G., *et al.* (2020), *Earth Planets Space*, **72**, 138. doi:10.1186/s40623-020-01266-3

Adhikari, S., Ivins, E. R. (2016), *Sci. Adv.*, **2**, e1501693. doi:10.1126/sciadv.1501693

Anderson, D. L., Dziewonski, A. (1981), *Phys. Earth Planet. Inter.*, 25, 297–356. doi:10.1016/0031-9201(81)90046-7

Aoki, Y., Segall, P. *et al.* (1999), *Science*, **286**, 927–930. doi:10.1126/science.286.5441.927

Bürgmann, R., Chadwell, D. (2014), *Annu. Rev. Earth Planet. Sci.*, **42**, 509–534. doi:10.1146/annurev-earth-060313-054953

Cheng, M., Ries, J. C. (2018), *Geophys. J. Int.*, **212**, 1218–1224, doi:10.1093/gji/ggx483

Ciminelli, C., Brunetti, G. (2023), *Nat. Photon.*, **17**, 1023–1024. Doi:10.1038/s41566-023-01293-y

Dehant, V., Mathews, P. M. (2015), in *Treatise on Geophysics (Second Ed.)*, Elsevier, pp. 263–305. doi:10.1016/B978-0-444-53802-4.00066-X

Drouin, V., Sigmundsson, F. (2019), *Geophys. Res. Lett.*, **46**, 8046–8055. doi:10.1029/2019GL082629

Evans, E. L. (2022), *Seismol. Res. Lett.*, **93**, 3024–3036. doi:10.1785/0220220141

Erye, T. S., Samsonov, S., *et al.* (2022), *Sci. Rep.*, **12**, 2043. doi:10.1038/s41598-022-06129-3

Fasullo, J. T., Nerem, R. S. (2018), *Proc. Nat. Acad. Sci.*, **115**, 12,944–12,949. doi:10.1073/pnas.1813233115

Furuya, M., Okubo, S., *et al.* (2003), *J. Geophys. Res.*, **108**, 2219. doi:10.1029/2002JB001989

Gross, R. S. (2015), in *Treatise on Geophysics (Second Ed.)*, Elsevier, pp. 215–261. doi:10.1016/B978-0-444-53802-4.00059-2

Guo, J. Y., Li, Y. B., *et al.* (2004), *Geophys. J. Int.*, **159**, 53–68. doi:10.1111/j.1365-246X.2004.02410.x

Heki, K. (2001), *Science*, **293**, 89–92. doi:10.1126/science.1061056

Heki, K. (2011), *Geophys. Res. Lett.*, **38**, L17312. doi:10.1029/2011GL047908

Iinuma, T., Hino, R., *et al.* (2012), *J. Geophys. Res. Solid Earth*, **117**, B07409. doi:10.1029/2012JB009186

Imanishi, Y., Sato, T., *et al.* (2004), *Science*, **306**, 476–478. doi:10.1126/science.1101875

Iwata, T., Katao, H. (2006), *Geophys. Res. Lett.*, **33**, L07302. doi:10.1029/2005GL025510

Johnson, K. M, Tebo, D. (2018), *J. Geophys. Res. Solid Earth*, **123**, 10,091–10,106. doi:10.1029/2018JB016345

Jouzel, J., Masson-Delmotte, V., *et al.* (2007), *Science*, **317**, 793–796. doi:10.1126/science.1141038

Kato, T., Terada, Y., *et al.* (2005), *Earth Planets Space*, **57**, 297–301. doi:10.1186/BF03352566

Kawamoto, S., Ohta, Y., *et al.* (2017), *J. Geophys. Res. Solid Earth*, **122**, 1324–1349, doi:10.1002/2016JB013485

Kawasaki, I., Asai, Y., *et al.* (1995), *J. Phys. Earth*, **43**, 105–116. doi:10.4294/jpe1952.43.105

Kido, M., Osada, Y. *et al.* (2011), *Geophys. Res. Lett.*, **38**, L24303, doi:10.1029/2011GL050057

Kierulf, H. P., Steffen, H., *et al.* (2021), *J. Geodyn.*, **146**, 101845. doi:10.1016/j.jog.2021.101845

Kim, J., Bahadori, A., Holt, W. E. (2020), *J. Geophys. Res. Solid Earth*, **126**, e2020JB019560. doi:10.1029/2020JB019560

Koto, B. (1893), *J. Coll. Sci. Imp. Univ. Jpn.*, **5**, 295–353. doi:10.15083/00037587

Kreemer, C., Gordon, R. G. (2014), *Geology*, **42**, 847–850. doi:10.1130/G35874.1

Kreemer, C. Blewitt, G., Klein, E. C. (2014), *Geochem. Geophys. Geosys.*, **15**, 3849–3889. doi:10.1002/2014GC005407

Larson, K. M., Bodin, P., Gomberg, J. (2003), *Science*, **300**, 1421–1424. doi:10.1126/science.1083780

Lambeck, K. (1989), *Geophysical Geodesy: The Slow Deformation of the Earth*, Clarendon Press, 730 pages.

Lambeck, K., Rouby, H., *et al.* (2014), *Proc. Nat. Acad. Sci.*, **111**, 15,296–15,303. doi:10.1073/pnas.1411762111

Martens, H. R., Rivera, L., Simons, M. (2019), *Earth Space Sci.*, **6**, 311–323. doi:10.1029/2018EA000462

Massonnet, D., Feigl, K. L. (1998), *Rev. Geophys.*, **36**, 441–500. doi:10.1029/97RG03139

Matsuo, K., Heki, K. (2011), *Geophys. Res. Lett.*, **38**, L00G12. doi:10.1029/2011GL049018

Milliner, C., Materna, K., *et al.* (2018), *Sci. Adv.*, **4**, eaau2477, doi:10.1126/sciadv.aau2477

Miyazaki, S., Larson, K. M. (2008), *Geophys. Res. Lett.*, **35**, L04302, doi:10.1029/2007GL032309

Mohajerani, Y. (2020), *Nat. Clim. Change*, **10**, 803–804. doi:10.1038/s41558-020-0887-9

Muto, J., Moore, J. D. P., *et al.* (2019), *Sci. Adv.*, **5**, eaaw1164. doi:10.1126/sciadv.aaw1164

Nakao, S., Morita, Y. (2013), *Earth Planets Space*, **65**, 505–515. doi:10.5047/eps.2015.05.017

Nonaka, T., Asaka, T. *et al.* (2020), *Sensors*, **20**, 339. doi:10.3390/20020339

Okada, Y., Yamamoto, E., Ohkubo, T. (2000), *J. Geophys. Res.*, **105**, 681–682. doi:10.1029/1999JB900335

大久保修平 (2005), 火山, **50**, S49–S58. doi:10.18940/kazan.50.Special_S49

奥野淳一 (2018), 低温科学, **76**, 205–225. doi:10.14943/lowtempsci.76.205

Ozaki, T. (2011), *Earth Planets Space*, **63**, 57. doi:10.5047/eps.2011.06.029

Ozawa, S., Murakami, M., *et al.* (1997), *Geophys. Res. Lett.*, **24**, 2327–2330. doi:10.1029/97GL02318

PAGES 2k Consortium (2019), *Nat. Geosci.*, **12**, 643–649. doi:10.1038/s41561-019-0400-0

Peltier, W. R., Argus, D. F., Drummond, R. (2015), *J. Geophys. Res. Solid Earth*, **120**, 450–487. doi:10.1002/2014JB011176

Rogers, G., Dragert, H. (2003), *Science*, **300**, 1942–1943. doi:10.1126/science.1084783

Roy, K., Peltier, W. R. (2015), *Geophys. J. Int.*, **201**, 1156–1181. doi:10.1093/gji/ggv066

Sagiya, T. (2004), *Earth Planets Space*, **56**, xxix–xli. doi:10.1186/BF03353077

Sagiya, T., Thatcher, W. (1999), *J. Geophys. Res.*, **104**, 1111–1129. doi:10.1029/98JB02644

Sagiya, T., Miyazaki, S., Tsuji, H. (2000), *Pure Appl. Geophys.*, **157**, 2303–2322. doi:10.10007/PL00022507

Ueda, T., Kato, A. (2019). *Geophys. Res. Lett.*, **46**, 3172–3179. doi:10.1029/2018GL081789

Tanaka, S. (2012), *Geophys. Res. Lett.*, **39**, L00G26, doi:10.1029/2012GL051179

Tapley, B. D., Watkins, M. M., *et al.* (2019), *Nat. Clim. Change*, **9**, 358–369. doi:10.1038/s41558-019-0456-2

Tsuji, H. *et al.* (1995), *Geophys. Res. Lett.*, **22**, 1669–1672. doi:10.1029/95GL1659

Valée, M., Ampuero, J. P. *et al.* (2017), *Science*, **358**, 1164–1168. doi:10.1126/science.aao0746

Velicogna, I., Mohajerani, Y. *et al.* (2020), *Geophys. Res. Lett.*, **47**, e2020GL087291. doi:10.1029/2020GL087291

Wang, M., Shen, Z.-K. (2020), *J. Geophys. Res. Solid Earth*, **125**, e2019JB018774. doi:10.1029/2019JB018774

Xie, S., Law, J., *et al.* (2019), *J. Geophys. Res. Solid Earth*, **124**, 12,116–12,140. doi:10.1029/2019JB018242

Yokota, Y., Ishikawa, T. *et al.* (2016), *Nature*, **534**, 374–377. doi:10.1038/nature17632

Yokota, Y., Koketsu, K. (2015), *Nat. Comm.*, **6**, 5934. doi:10.1038/ncomms6934

地震・噴火等索引

864–866 年貞観噴火 202

1703 年元禄関東地震 155

1707 年宝永地震 155

1854 年安政東海地震 155, 181

1857 年フォートテホン地震 159

1891 年濃尾地震 147, 163

1906 年サンフランシスコ地震 ... 147, 159, 163

1923 年関東地震 149, 155, 163

1944 年東南海地震 ... 29, 73, 149, 151, 163, 181

1946 年南海地震 29, 41, 73, 149, 151, 163

1960 年チリ地震 95

1966 年パークフィールド地震 171

1975 年海城地震 180

1992 年ランダース地震 61, 163, 177

1992 年三陸はるか沖地震 40, 171

1993 年グアム地震 156

1994 年ノースリッジ地震 163

1994 年北海道東方沖地震 163

1994 年三陸はるか沖地震 163, 171

1995 年兵庫県南部地震.............62, 117, 163

1997 年伊豆半島東方沖群発地震...... 37, 195

2000 年三宅島噴火 43, 120, 198

2001 年デナリ地震 165

2003 年十勝沖地震 44, 165, 173, 181

2004 年浅間山噴火 47

2004 年紀伊半島南東沖地震 72

2004 年スマトラ沖地震 3, 117

2008 年四川地震 117, 154

2008 年岩手宮城内陸地震..................... 165

2010 年マウレ地震 181

2011 年新燃岳噴火 197

2011 年東北地方太平洋沖地震 ... 3, 72, 74, 95,
117, 148, 151, 163, 165, 167, 174, 181, 183, 184

2014 年イキケ地震 181

2014 年パパノア地震 182

2014 年バルダルブンガ火山噴火 198

2014 年御嶽山噴火 200

2015 年ネパール地震 154, 184

2017 年浦項地震 211

2018 年新燃岳噴火 197

2018 年キラウエア火山噴火 198

2019 年台風 19 号 140

人名索引

アリストテレス 10

アンダーソン（アーネスト・） 190

アンダーソン（ドン・） 22

伊能忠敬 26

今村明恒 181

エラトステネス 10, 11

エルカーノ（フアン・セバスティアン・） 10

オイラー（レオンハルト・） 94

岡田義光 37

小原一成 178

オールダム（リチャード・） 20

香取秀俊 49

キュストナー（フリードリッヒ・） 94

グーテンベルク（ベノ・） 20

コロンブス（クリストファー・） 10

ザビエル（フランシスコ・） 10

ジウォンスキー（アダム・） 22

志田順 113

スネル（ヴィレブロルト・） 31

妹沢克惟 190

チャンドラー（セス・） 94

寺田寅彦 207

ドラガート（ハーブ・） 177

ニューカム（サイモン・） 94

ニュートン（アイザック・） 13

ハレー（エドモンド・） 98

ピタゴラス 10

ヒッパルコス 90

平原和朗 177

廣瀬仁 177

ビンガム（ユージン・） 23

ブラッドリー（ジェームス・） 90

フリシウス（ゲンマ・） 31

日置幸介 52, 141

ベッセル（フリードリヒ・ウィルヘルム・） ...14

ヘラクレイトス 23

ヘリング（トーマス・） 52

マゼラン（フェルディナンド・） 10

ミランコビッチ（ミルティン・） ... 90, 125

茂木清夫 190

モホロビチッチ（アンドリア・） 21

山川宣男 190

ヤング（トーマス・） 66

ラブ（オーガスタス・エドワード・） 113

リシェ（ジャン・） 13

リード（ハリー・フィールディング・） ... 148, 169

レーマン（インゲ・） 20

ロジャース（ガリー・） 177

事項索引

欧字

ALOS 63
ALOS-2 63
ALOS-4 63
BeiDou 57
CHAMP 78
COSMO-SkyMed 63
CryoSat-2 85
DEM 69
Envisat 63, 85
ERS-1 ......62, 84
ERS-2 ......62, 85
Gal 8
GEOS-3 84
GEOSAT 84
GFO 85
GLONASS 57
GNSS 49, 56
GNSS−音響測距結合方式 71
GNSS 水準測量 28
GOCE 82
GPS 57, 59
GRACE 78, 142
GRACE-FO 79
GRS80 14
IERS 53
InSAR 66
J_2 項 131
Jason-1 85
Jason-2 85

Jason-3 85
JERS-1 62
LOD 97
LuTan-1 63
MEMS 36
NavIC 57
NISAR 63
poroelastic rebound 177
PREM 22
QZSS 57
RADARSAT-1 62
RADARSAT-2 63
RNSS 57
SAOCOM 63
SAR 61, 163
SARAL 85
SAR 干渉解析（InSAR） 66
SeaSat 62, 84
Sentinel-1 63
Sentinel-3 85
SLR 54, 78
TanDEM-X 69
TerraSAR-X 63
TOPEX/ポセイドン 85
VLBI 50, 103
WGS84 14

あ行

アセノスフェア 23
伊豆半島東方沖群発地震 37, 194, 204

事項索引

位相アンラッピング 70
1日の長さ（LOD） 97
インド・オーストラリアプレート 153
インド地域航法衛星システム（NavIC） ...57
インパルス応答 115
有珠山 199
うるう秒 97
永久凍土 134
衛星レーザー測距（SLR） 54, 78
エルニーニョ現象 100
エルニーニョ南方振動現象 100
遠心力 8
掩蔽 99
大潮 108

か行

回転楕円体 13
海面高度計 83
海洋潮汐 115
海洋2号 85
核 20
火山 185
火山ガス 121
火山構造性地震 119
火山性地震 120
火道 121
下部マントル 21
ガル 8
含水鉱物 187
環太平洋造山帯 186
間氷期 125
環閉合差 29
気候変動 123
キネマティック測位 60
逆断層 162
球状圧力源 190
強制振動 91

極運動 93
極軌道 64
極潮汐 110
グーテンベルグ不連続面 20
グリーン関数 115
傾斜計 35
頁岩 210
コア 20
合成開口レーダー（SAR） 61
恒星日 97
剛性率 4
高速静止測位 60
光波測量 32
後氷期 126
後氷期変動 3, 126, 127
国際緯度観測事業 102
国際地球回転・基準系事業（IERS） ...53
小潮 108
固体潮汐 112
コーナーリフレクター 46

さ行

歳差運動 88, 89
最終氷期 125
最終氷期最盛期 126
サックス-エヴァートソン式 38
サニャック効果 104
三角測量 31
シェールガス 210
ジオイド 14, 15, 83
ジオイド高 15, 83
地震 147
地震予知 180
沈み込み帯 156, 186
志田数 113
地盤沈下 206
ジャイロスコープ効果 89

シャドーゾーン	20	地球温暖化	123
自由コア章動	114	地軸	88
自由振動	91	チャンドラー極運動	93
収束プレート境界	150	中央構造線	153
重力観測	41	潮位計	40, 129
重力ポテンシャル	83	長基線傾斜計	35
準天頂衛星システムみちびき（QZSS）	57	潮汐力	97, 107, 108
準日周自由揺動	114	超長基線電波干渉法（VLBI）	50
章動	90	超電導重力計	43
衝突境界	154	直接水準測量	29
上部マントル	21	デジタル標高モデル（DEM）	69
昭和新山	199	天文緯度	102
シル	188	電離圏擾乱	183
水管傾斜計	35	等重力面	7
水準測量	27	ドリフト	37, 39, 43
スカイラブ計画	84		
スティック・スリップ	172	**な行**	
スプートニク1号	78	南海トラフ	73
スロー地震	39, 177	粘性率	24
スロースリップ	119	粘弾性緩和	5, 174
静止測位	60	粘弾性体	25
正断層	162		
絶対重力観測	41	**は行**	
全地球衛星測位システム（GNSS）	49, 56	背弧海盆	157
全地球測位システム（GPS）	57	背弧拡大	157
走時差	52	発散プレート境界	157, 186
相対重力観測	41	ハリケーン・ハービー	139
相対重力計	43	ハワイ-天皇海山列	189
測地学	1	万有引力	7, 107
測量	26	光格子時計	49
		微小電気機械システム（MEMS）	36
た行		ひずみ計	38
大気潮汐	111	非破壊検査	19
ダイク	37	ヒマラヤ山脈	154
太平洋プレート	151	氷河時代	124
弾性体	23	氷期	125
弾性反発説	148	氷床	124

事項索引

フィリピン海プレート 151
ふよう1号（JERS-1） 62
プレート境界 149
プレートテクトニクス 3
放射潮汐 111
北斗（BeiDou） 57
ポツダムの重力ポテト 6

ま行

マイケルソン型レーザー干渉計 38
マグマだまり 121
マックスウェル時間 25, 174
マッデン―ジュリアン振動 101
マントル 21
マントル遷移層 136
ミランコビッチサイクル 90, 125
メートル 12
茂木モデル 190
モホ面 21
モホロビチッチ不連続面 21

や行

ヤングの実験 66
誘発地震 210
溶岩ドーム 199
余効すべり 172
余効変動 171
横ずれ断層 162
横ずれプレート境界 158

ら行

ラニーニャ現象 100
ラブ数 113
リソスフェア 23, 135
量子重力計 48
リングレーザージャイロスコープ 104
令和元年東日本台風 140
レオロジー 23
レーダー 64
連続観測 34
ローレンタイド氷床 136

著者紹介

青木陽介
（あお　き　ようすけ）

1973 年生まれ。東京大学理学部地球惑星物理学科卒業、同大学大学院
理学系研究科地球惑星物理学専攻修了。博士（理学）。コロンビア大
学ラモント・ドハティ地球科学研究所ラモント博士研究員、東京大学
地震研究所助手、同助教を経て、現在、東京大学地震研究所准教授。
専門は固体地球物理学。特に衛星測地技術を用いた地殻変動の観測、
地球内部におけるマグマ輸送・断層運動機構などの解明。2021 年日本
火山学会論文賞、2024 年日本測地学会賞坪井賞受賞。

NDC448　　　234p　　　21cm

地球の測り方　宇宙から見る「水の惑星」のすがた
（ち きゅう）（はか）（かた）（う ちゅう）（み）（みず）（わくせい）

2025 年 2 月 26 日　第 1 刷発行

著　者　青木陽介
（あお き ようすけ）

発行者　篠木和久

発行所　株式会社講談社
　　　　〒 112-8001　東京都文京区音羽 2-12-21
　　　　　　販売　（03）5395-5817
　　　　　　業務　（03）5395-3615

編　集　株式会社講談社サイエンティフィク
　　　　代表　堀越俊一
　　　　〒 162-0825　東京都新宿区神楽坂 2-14　ノービィビル
　　　　　　編集　（03）3235-3701

本文データ制作　美研プリンティング株式会社
印刷・製本　株式会社ＫＰＳプロダクツ

落丁本・乱丁本は、購入書店名を明記のうえ、講談社業務宛にお送りくだ
さい。送料小社負担にてお取り替えします。なお、この本の内容について
のお問い合わせは、講談社サイエンティフィク宛にお願いいたします。定
価はカバーに表示してあります。
ⓒ Yosuke Aoki, 2025
本書のコピー、スキャン、デジタル化等の無断複製は著作権法上での例外
を除き禁じられています。本書を代行業者等の第三者に依頼してスキャン
やデジタル化することはたとえ個人や家庭内の利用でも著作権法違反です。
Printed in Japan

ISBN 978-4-06-538605-7

講談社の自然科学書

絵でわかるシリーズ

新版 絵でわかる樹木の知識	堀 大才／著	定価 2,640 円
絵でわかるにおいと香りの不思議	長谷川香料株式会社／著	定価 2,420 円
新版 絵でわかる日本列島の誕生	堤 之恭／著	定価 2,530 円
絵でわかる物理学の歴史	並木雅俊／著	定価 2,420 円
絵でわかるサイバーセキュリティ	岡嶋裕史／著	定価 2,420 円
絵でわかるネットワーク	岡嶋裕史／著	定価 2,420 円
絵でわかる世界の地形・岩石・絶景	藤岡達也／著	定価 2,420 円
絵でわかる薬のしくみ	船山信次／著	定価 2,530 円
絵でわかる日本列島の地形・地質・岩石	藤岡達也／著	定価 2,420 円
絵でわかるマクロ経済学	茂木喜久雄／著	定価 2,420 円
新版 絵でわかる生態系のしくみ	鷲谷いづみ／著　後藤 章／絵	定価 2,420 円
絵でわかる宇宙地球科学	寺田健太郎／著	定価 2,420 円
絵でわかる宇宙の誕生	福江 純／著	定価 2,420 円
絵でわかるミクロ経済学	茂木喜久雄／著	定価 2,420 円
絵でわかる地球温暖化	渡部雅浩／著	定価 2,420 円
絵でわかる進化のしくみ　種の誕生と消滅	山田俊弘／著	定価 2,530 円
絵でわかる日本列島の地震・噴火・異常気象	藤岡達也／著	定価 2,420 円
絵でわかる生物多様性	鷲谷いづみ／著　後藤 章／絵	定価 2,200 円
絵でわかる地震の科学	井出 哲／著	定価 2,420 円
絵でわかる寄生虫の世界	長谷川英男／著　小川和夫／監修	定価 2,200 円
絵でわかるカンブリア爆発	更科 功／著	定価 2,420 円
絵でわかる古生物学	棚部一成／監修　北村雄一／著	定価 2,200 円
絵でわかる地図と測量	中川雅史／著	定価 2,420 円
絵でわかる樹木の育て方	堀 大才／著	定価 2,530 円
絵でわかる麹のひみつ	小泉武夫／著　おのみさ／絵・レシピ	定価 2,420 円
絵でわかる昆虫の世界　進化と生態	藤崎憲治／著	定価 2,420 円
絵でわかる感染症 with もやしもん	岩田健太郎／著　石川雅之／絵	定価 2,420 円
絵でわかるプレートテクトニクス　地球進化の謎に挑む	是永 淳／著	定価 2,420 円
絵でわかるクォーク	二宮正夫／著	定価 2,420 円

※表示価格には消費税（10％）が加算されています。 「2025 年 2 月現在」

講談社サイエンティフィク　https://www.kspub.co.jp/

講談社の自然科学書

絵でわかるロボットのしくみ	瀬戸文美／著　平田泰久／監修	定価 2,420 円
絵でわかる宇宙開発の技術	藤井孝藏・並木道義／著	定価 2,420 円
絵でわかる動物の行動と心理	小林朋道／著	定価 2,420 円
新版 絵でわかるゲノム・遺伝子・DNA	中込弥男／著	定価 2,200 円
絵でわかる東洋医学	西村 甲／著	定価 2,420 円
絵でわかる漢方医学	入江祥史／著	定価 2,420 円
絵でわかる植物の世界	大場秀章／監修　清水晶子／著	定価 2,200 円
絵でわかる体のしくみ	松村讓兒／著	定価 2,200 円

なっとくシリーズ

なっとくする演習・熱力学	小暮陽三／著	定価 2,970 円
なっとくする電子回路	藤井信生／著	定価 2,970 円
なっとくするディジタル電子回路	藤井信生／著	定価 2,970 円
なっとくするフーリエ変換	小暮陽三／著	定価 2,970 円
なっとくする複素関数	小野寺嘉孝／著	定価 2,530 円
なっとくする微分方程式	小寺平治／著	定価 2,970 円
なっとくする行列・ベクトル	川久保勝夫／著	定価 2,970 円
なっとくする数学記号	黒木哲徳／著	定価 2,970 円
なっとくする流体力学	木田重雄／著	定価 2,970 円
なっとくする群・環・体	野﨑昭弘／著	定価 2,970 円
新装版 なっとくする物理数学	都筑卓司／著	定価 2,200 円
新装版 なっとくする量子力学	都筑卓司／著	定価 2,200 円

ゼロから学ぶシリーズ

ゼロから学ぶ微分積分	小島寛之／著	定価 2,750 円
ゼロから学ぶ量子力学	竹内 薫／著	定価 2,750 円
ゼロから学ぶ統計解析	小寺平治／著	定価 2,750 円
ゼロから学ぶベクトル解析	西野友年／著	定価 2,750 円
ゼロから学ぶ線形代数	小島寛之／著	定価 2,750 円
ゼロから学ぶ電子回路	秋田純一／著	定価 2,750 円
ゼロから学ぶディジタル論理回路	秋田純一／著	定価 2,750 円
ゼロから学ぶ統計力学	加藤岳生／著	定価 2,750 円

※表示価格には消費税（10%）が加算されています。　　　　　「2025 年 2 月現在」

講談社サイエンティフィク　https://www.kspub.co.jp/

講談社の自然科学書

基礎から学ぶ宇宙の科学　現代天文学への招待	二間瀬敏史／著	定価 3,080 円
宇宙地球科学	佐藤文衛・綱川秀夫／著	定価 4,180 円
海洋地球化学	蒲生俊敬／編著	定価 5,060 円
トコトン図解　気象学入門	釜堀弘隆・川村隆一／著	定価 2,860 円
地球環境学入門　第 3 版	山﨑友紀／著	定価 3,080 円
地震学	井出 哲／著	定価 6,490 円
基礎量子力学	猪木慶治・川合 光／著	定価 3,850 円
量子力学 I	猪木慶治・川合 光／著	定価 5,126 円
量子力学 II	猪木慶治・川合 光／著	定価 5,126 円
マーティン／ショー 素粒子物理学 原著第 4 版	B. R. マーティン・G. ショー／著	
	駒宮幸男・川越清以／監訳　吉岡瑞樹・神谷好郎・織田 勧・末原大幹／訳	定価 13,200 円
古典場から量子場への道　増補第 2 版	高橋 康・表 實／著	定価 3,520 円
量子力学を学ぶための解析力学入門　増補第 2 版	高橋 康／著	定価 2,420 円
量子場を学ぶための場の解析力学入門　増補第 2 版	高橋 康・柏 太郎／著	定価 2,970 円
新装版 統計力学入門　愚問からのアプローチ	高橋 康／著　柏 太郎／解説	定価 3,520 円
量子電磁力学を学ぶための電磁気学入門	高橋 康／著　柏 太郎／解説	定価 3,960 円
物理数学ノート　新装合本版	高橋 康／著	定価 3,520 円
初等相対性理論　新装版	高橋 康／著	定価 3,300 円
熱力学・統計力学　熱をめぐる諸相	高橋和孝／著	定価 5,500 円
入門講義 量子コンピュータ	渡邊靖志／著	定価 3,300 円
入門講義 量子論　物質・宇宙の究極のしくみを探る	渡邊靖志／著	定価 3,300 円
ライブ講義 大学 1 年生のための数学入門	奈佐原顕郎／著	定価 3,190 円
ライブ講義 大学 1 年生のための力学入門　物理学の考え方を学ぶために	奈佐原顕郎／著	定価 2,860 円
ライブ講義 大学生のための応用数学入門	奈佐原顕郎／著	定価 3,190 円
ディープラーニングと物理学	田中章詞・富谷昭夫・橋本幸士／著	定価 3,520 円
これならわかる機械学習入門	富谷昭夫／著	定価 2,640 円
物理のためのデータサイエンス入門	植村 誠／著	定価 2,860 円
1 週間で学べる！ Julia 数値計算プログラミング	永井佑紀／著	定価 3,300 円
Python でしっかり学ぶ線形代数　行列の基礎から特異値分解まで	神永正博／著	定価 2,860 円
Processing による CG とメディアアート	近藤邦雄・田所淳／編	定価 3,520 円

※表示価格には消費税（10％）が加算されています。　　　　　　　　「2025 年 2 月現在」

講談社サイエンティフィク　https://www.kspub.co.jp/

講談社の自然科学書

入門 現代の量子力学　量子情報・量子測定を中心として	堀田昌寛／著	定価 3,300 円
入門 現代の宇宙論　インフレーションから暗黒エネルギーまで	辻川信二／著	定価 3,520 円
入門 現代の力学　物理学のはじめの一歩として	井田大輔／著	定価 2,860 円
入門 現代の電磁気学　特殊相対論を原点として	駒宮幸男／著	定価 2,970 円
入門 現代の相対性理論　電磁気学の定式化からのアプローチ	山本 昇／著	定価 3,300 円
宇宙を統べる方程式　高校数学からの宇宙論入門	吉田伸夫／著	定価 2,970 円
明解 量子重力理論入門　吉田伸夫／著		定価 3,300 円
明解 量子宇宙論入門　吉田伸夫／著		定価 4,180 円
完全独習 相対性理論　吉田伸夫／著		定価 3,960 円
完全独習 現代の宇宙物理学　福江 純／著		定価 4,620 円
非エルミート量子力学　羽田野直道・井村健一郎／著		定価 3,960 円
共形場理論入門　基礎からホログラフィへの道	疋田泰章／著	定価 4,400 円
医療系のための物理学入門　木下順二／著		定価 3,190 円
超ひも理論をパパに習ってみた　橋本幸士／著		定価 1,650 円
「宇宙のすべてを支配する数式」をパパに習ってみた	橋本幸士／著	定価 1,650 円
ディープラーニング　学習する機械　ヤン・ルカン／著 松尾豊／監訳 小川浩一／訳		定価 2,750 円
〈正義〉の生物学　トキやパンダを絶滅から守るべきか	山田俊弘・著	定価 2,420 円
〈絶望〉の生態学　軟弱なサルはいかにして最悪の「死神」になったか	山田俊弘・著	定価 2,420 円
一億人の SDGs と環境問題　藤岡達也／著		定価 2,200 円
なぞとき 宇宙と元素の歴史　和南城伸也／著		定価 1,980 円
なぞとき 深海１万メートル　蒲生俊敬・窪川かおる／著		定価 1,980 円
ゲーム理論の〈裏口〉入門　ボードゲームで学ぶ戦略的思考法	野田俊也／著	定価 1,980 円
実践システム・シンキング　論理思考を超える問題解決のスキル	湊 宣明／著	定価 2,420 円
新しい〈ビジネスデザイン〉の教科書　新規事業の着想から実現まで	湊 宣明／著	定価 1,980 円
つい誰かに教えたくなる人類学63の大疑問　日本人類学会教育普及委員会／監修 中山一大・市石博／編		定価 2,420 円
できる研究者の論文生産術　ポール・J・シルヴィア／著 高橋さきの／訳		定価 1,980 円
できる研究者の論文作成メソッド　ポール・J・シルヴィア／著 高橋さきの／訳		定価 2,200 円
できる研究者のプレゼン術　ジョナサン・シュワビッシュ／著 高橋佑磨・片山なつ／監訳 小川浩一／訳		定価 2,970 円
できる研究者になるための留学術　是永 淳／著		定価 2,420 円
できる研究者の科研費・学振申請書　採択される技術とコツ	科研費.com ／著	定価 2,640 円

※表示価格には消費税（10%）が加算されています。　　　　　　「2025 年 2 月現在」

講談社サイエンティフィク　https://www.kspub.co.jp/

講談社の自然科学書

21世紀の新教科書シリーズ創刊！ 講談社創業100周年記念出版

講談社 基礎物理学シリーズ

全12巻

◎「高校復習レベルからの出発」と
　「物理の本質的な理解」を両立

◎ 独習も可能な「やさしい例題展開」方式

◎ 第一線級のフレッシュな執筆陣！
　経験と信頼の編集陣！

◎ 講義に便利な「1章＝1講義（90分）」
　スタイル！

ノーベル物理学賞
益川敏英先生 推薦！

A5・各巻:199〜290頁
定価2,750〜3,080円（税込）

[シリーズ編集委員]

二宮 正夫　京都大学基礎物理学研究所名誉教授　元日本物理学会会長
北原 和夫　国際基督教大学教授　元日本物理学会会長

並木 雅俊　高千穂大学教授　日本物理学会理事
杉山 忠男　河合塾物理科講師

0. 大学生のための物理入門
並木 雅俊・著
215頁・定価2,750円（税込）

1. 力 学
副島 雄児／杉山 忠男・著
232頁・定価2,750円（税込）

2. 振動・波動
長谷川 修司・著
253頁・定価2,860円（税込）

3. 熱 力 学
菊川 芳夫・著
206頁・定価2,750円（税込）

4. 電磁気学
横山 順一・著
290頁・定価3,080円（税込）

5. 解析力学
伊藤 克司・著
199頁・定価2,750円（税込）

6. 量子力学 I
原田 勲／杉山 忠男・著
223頁・定価2,750円（税込）

7. 量子力学 II
二宮 正夫／杉野 文彦／杉山 忠男・著
222頁・定価3,080円（税込）

8. 統計力学
北原 和夫／杉山 忠男・著
243頁・定価3,080円（税込）

9. 相対性理論
杉山 直・著
215頁・定価2,970円（税込）

10. 物理のための数学入門
二宮 正夫／並木 雅俊／杉山 忠男・著
266頁・定価3,080円（税込）

11. 現代物理学の世界
トップ研究者からのメッセージ
二宮 正夫・編　　202頁・定価2,750円（税込）

※表示価格には消費税（10%）が加算されています。

「2025年2月現在」

講談社サイエンティフィク　https://www.kspub.co.jp/